普通高等学校网络工程专业教材

# 计算机网络综合实训教程

陈亮 曹利 编著

清华大学出版社
北京

## 内 容 简 介

本书是《计算机网络(第七版)》(谢希仁编著)教材的配套实验教程,主要内容为计算机网络的交换路由实验与协议分析实验。

交换路由实验部分主要针对网络体系中数据链路及网络层的通信原理和设备进行实践教学。通过对Cisco 公司交换、路由设备工作原理的分析和对设备调试过程的详细阐述,为初学者的学习提供了全面的基础知识。交换机和路由器的实用配置精选了 VLAN 配置、路由配置、ACL 配置和 NAT 配置等核心技术。

协议分析实验部分对计算机网络体系中的重要协议进行了详细的分析与阐述,同时设置协议分析情境实验,要求学生分析并回答协议字段及内容。具体实验内容包括 Wireshark 基础,常用网络命令,网络体系各层典型的协议数据单元(数据链路层帧、IP 数据报、UDP 报文、TCP 报文段、DNS 报文及 HTTP 报文)分析,无线局域网帧分析,TCP 三次握手分析。

本书秉承由浅入深、循序渐进的思路设计编排实验内容,强调基础理论与实践操作相结合,重点训练学生实际操作和独立思考的能力。本书可供高等学校计算机类专业学生使用,也可以作为计算机网络工作者的参考用书。

**图书在版编目(CIP)数据**

计算机网络综合实训教程/陈亮,曹利编著. —北京:清华大学出版社,2022.8(2024.8重印)
普通高等学校网络工程专业教材
ISBN 978-7-302-60829-5

Ⅰ.①计… Ⅱ.①陈… ②曹… Ⅲ.①计算机网络—高等学校—教材 Ⅳ.①TP393

中国版本图书馆 CIP 数据核字(2022)第 080506 号

**责任编辑**:袁勤勇
**封面设计**:常雪影
**责任校对**:焦丽丽
**责任印制**:刘 菲

**出版发行**:清华大学出版社
      **网 址**:https://www.tup.com.cn, https://www.wqxuetang.com
      **地 址**:北京清华大学学研大厦 A 座       **邮 编**:100084
      **社 总 机**:010-83470000       **邮 购**:010-62786544
      **投稿与读者服务**:010-62776969,c-service@tup.tsinghua.edu.cn
      **质量反馈**:010-62772015,zhiliang@tup.tsinghua.edu.cn
      **课件下载**:https://www.tup.com.cn,010-83470236
**印 装 者**:三河市君旺印务有限公司
**经 销**:全国新华书店
**开 本**:185mm×260mm     **印 张**:11.5     **字 数**:279 千字
**版 次**:2022 年 9 月第 1 版     **印 次**:2024 年 8 月第 3 次印刷
**定 价**:46.00 元

产品编号:092686-01

# 前　言

党的二十大报告提出,坚持把发展经济的着力点放在实体经济上,推进新型工业化,加快建设制造强国、网络强国、数字中国。当前,计算机网络技术为推动我国经济社会发展提供了强劲动力,计算机网络理论知识与实践能力是人才培养不可或缺的组成部分。

"计算机网络"是计算机类相关专业均开设的专业基础课,也是一门研究生入学统考课程。作者经过多年的"计算机网络"课程教学,积累了比较丰富的经验与资源,但也发现"重理论轻实践"的传统教学模式带来的诸多弊端和问题。如在实践教学中,由于与教学配套的实验内容一般侧重于验证型,导致学生能够较快完成实验,却无法反思实验结果,因而对计算机网络的理论知识理解不够深入,对计算机网络基础原理的认识也不到位,同时还会缺乏网络工程实践创新能力和素养。在实验教学过程中,学生容易出现"知其然,不知其所以然"的情况。作者编写本书,目的是方便学生完成理论教材对应的实验实训内容,加深学生对计算机网络理论知识的认识与掌握,使学生初步具备网络组建以及分析和解决故障的能力。本书围绕计算机网络理论知识组织实践教学,通过构建网络工程实践问题的教学情境,培养学生发现、分析并解决问题的能力,让学生更好掌握理论和实践深度结合的知识结构,切实提高学生工程实践能力,为培养合格的制造强国、网络强国、数字中国建设者提供砖瓦。

## 一、教程特点

第一,本书分为交换路由实验和协议分析实验两大部分,以利于教师分阶段、分层次教学。交换路由实验部分(实验1~实验10)介绍交换、路由的基础性实验,主要包括交换机和路由器设备的基本调试、交换机和路由器的实用配置等。协议分析实验部分(实验11~实验20)选取数据链路层、网络层、传输层与应用层的代表性协议和协议数据单元格式作为实验重点,其他协议围绕上述内容进行扩展。另外,按照谢希仁教授《计算机网络(第七版)》的理论内容,补充无线局域网(WiFi)协议帧分析。如果课程实践学时有限,建议将协议分析实验作为"计算机网络"课堂内容的补充,与理论教学同步完成。

# PREFACE

第二,创建计算机网络的工作(故障或问题)情境,便于教师实施案例教学,让学生带着问题去做实验。

第三,强调"组网"与"协议"思维,突出动手能力。通过实验,指导学生自己发现网络问题,提出解决思路,最终通过实验验证帮助学生更好地掌握计算机网络的理论知识。

## 二、实验环境

(1) 操作系统:Windows XP 及以上版本。

(2) 网络仿真:Cisco 公司 Packet Tracer 6。

(3) 协议分析:wireshark-win64-3.4。

为减轻实验备课工作量,本书提供问题情境的操作系统镜像与网络流量数据包文件,请扫描右侧二维码,按提示的内容下载数字资源。

## 三、适用对象

本书可作为计算机网络课程教学的课程设计与综合实验的教材,也可作为计算机网络理论教学的补充资料,适合计算机网络课程教学的教师和学习计算机网络课程的高校学生使用,也可供计算机网络工作者作为参考。

由于作者水平所限,本书在编写过程中难免存在问题,恳请广大读者对本书的不足之处给予指正。另外由于人工核对方面的限制,作者对传统参考文献做了标注,但对于源自互联网的各种资料的引用,难免有所疏漏。如有遗漏,也请有关原创者与本人联系,作者会在今后的版本中追加标引。

## 四、致谢

本书的完成,得到了南通大学各部门的大力支持。此外,作者的研究生与指导的本科生也承担了部分插图绘制和实验素材的制作工作,在此一并感谢。

作  者

2022 年 6 月

C O N T E N T S

# 目　录

# C O N T E N T S

# CONTENTS

# C O N T E N T S

CONTENTS

# CONTENTS

# CONTENTS

# CONTENTS

# 实验 1　Packet Tracer 基础

## 1.1　实验目标

(1) 掌握模拟器的安装方法。
(2) 掌握模拟器的基本使用方法。

## 1.2　实验背景

Cisco Packet Tracer 是 Cisco 公司打造的一款功能强大的网络模拟工具,可为用户提供真实的操作体验。用户可以在该软件的图形用户界面直接通过拖曳的方法使用路由器、交换机或其他各种设备构建简单或复杂的网络拓扑,并且软件可提供数据包在网络中行进的详细处理过程,用户利用软件提供的记录可以观察网络的实时运行情况,还可以学习 Cisco 公司网络设备的 IOS 的配置,掌握交换、路由等设备的配置。

## 1.3　模拟器工作环境

Packet Tracer 有多种版本,本书以 Packet Tracer 6 为教学版本,而 6 以下版本均可用于学习,对相关实验的操作不会造成影响。Packet Tracer 的安装过程相对简单,按照安装提示一步一步进行操作就可以完成,在此不具体描述。本实验主要了解 Packet Tracer 模拟器的工作界面,利用模拟器组建网络,熟悉配置网络设备和测试网络的方法。

运行 Packet Tracer,进入模拟器的工作界面,工作界面主要包含:①菜单栏;②快捷工具栏;③拓扑工作区;④拓扑工作区工具栏;⑤设备列表区;⑥报文跟踪区,如图 1.1 所示。

下面介绍其中的几个主要部分。

### 1. 菜单栏

Packet Tracer 模拟器工作界面的菜单栏和快捷工具栏如图 1.2 所示。

打开菜单栏上的 Options 菜单,第一个菜单项为 Preferences,在 Interface 选项卡中,可以通过勾选选项区域 Customize User Experience 中的内容,定制在拓扑工作区显示的相应信息,如图 1.3 所示。

部分复选框的含义如下。

Show Device Model Labels:显示设备型号。

Show Device Name Labels:显示设备名。

Always Show Port Labels:始终显示接口标签。

Show Link Lights:显示链接指示灯。

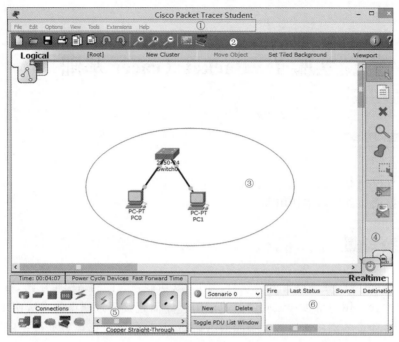

图 1.1　模拟器的工作界面

图 1.2　菜单栏

图 1.3　Preferences 对话框

**2. 拓扑工作区工具栏**

Packet Tracer 模拟器工作界面的拓扑工作区工具栏如图 1.4 所示。

拓扑工具栏中各种工具的功能如下。

(1) Select(选择)：单击该图标后,再单击拓扑工作区的设备,即可对设备进行配置。

(2) Place Note(添加文字说明)：单击该图标后,再单击拓扑工作区任意位置,即可添加文字。

(3) Delete(删除)：单击该图标后,再单击拓扑工作区的设备,即可将该设备删除

(4) Inspect(检查)：查看拓扑图中路由器/交换机的路由表、ARP表等信息。

图 1.4　拓扑工作区工具栏

(5) Draw(绘图)：绘制图形。

(6) Resize Shape(重新定义大小)：改变 Draw 工具绘制的图形的大小。

(7) Add Simple PDU：添加简单的 PDU(Protocol Data Unit,协议表数据单元)。

(8) Add Complex PDU：添加复杂的 PDU。

**3. 设备列表区**

设备列表区由两部分组成：设备类列表(左)和设备型号列表(右),当选择了左边的设备类后,右边将出现该设备类的详细型号选择。如图 1.5 所示,选择左边设备类列表中的第一个路由器类时,右边设备型号列表出现了路由器类的 1841、2620XM 等各种型号。

图 1.5　设备列表区

图 1.5 中设备列表区设备类列表第一行从左往右依次是 Routers(路由器)、Switches(交换机)、Hubs(集线器)、Wireless Devices(无线设备)、Connections(连接线缆)。第二行从左往右依次是 End Devices(终端设备)、WAN Emulation(广域网仿真)、Custom Made Devices(定制设备)、multiuser connection(多用户连接)。

# 1.4　模拟器基本操作

**1. 添加网络设备**

在设备列表区的设备类列表中单击 Routers 图标,在右边设备型号列表中单击 2621XM 图标,然后再单击拓扑工作区,即可将目标设备 2621XM 添加到网络中,如图 1.6 所示。

**2. 添加功能模块**

上面添加网络设备仅仅是基本配置,该配置不一定能满足网络配置需求。模拟器还提

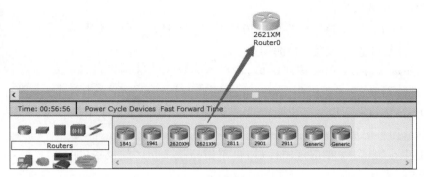

图 1.6 添加网络设备

供了给交换机、路由器添加功能模块的功能。在网络拓扑中单击路由器 2621XM 图标,即可进入该设备的物理配置模式,在该模式下可以给设备添加一些扩展业务模块,如图 1.7 所示。

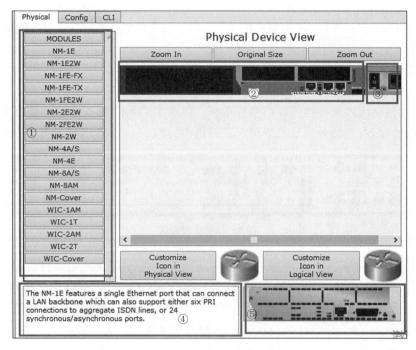

图 1.7 添加功能模块

注:①可供选择的扩展模块;②设备后面板物理视图;③电源开关,给设备添加扩展模块时,务必关闭电源;④选中的扩展模块的描述信息;⑤选中的扩展模块物理视图

需要注意的是,Cisco 设备(本例为 2621XM)默认处于运行状态,给设备添加扩展模块时,一定要将设备后面板上的电源开关关闭,否则系统将提示出错。

**3. 连接网络设备**

至此完成了添加设备和模块的操作,下面讲述如何将这些设备连接起来。

连接设备需要单击 Connections(连接线缆)图标,即图 1.8 中矩形圈起来的地方,然后在设备型号列表中选择想要的链路。

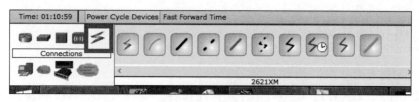

图 1.8  线缆选择

假设网络中现有设备 Switch 2950-24 和 Router 2811,并选择了直通线,接着单击要连接的设备,鼠标移至标图标处,指针的形状会发生改变,如图 1.9 所示。

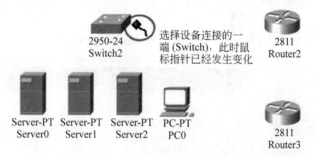

图 1.9  鼠标指针形状变化

接着,模拟器会弹出菜单,提示用户选择哪个端口,如图 1.10 所示。

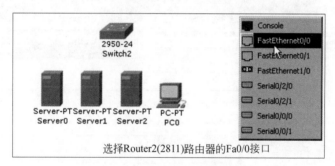

图 1.10  选择设备连接端口

选择目标端口,即可完成设备的连接,如图 1.11 所示。

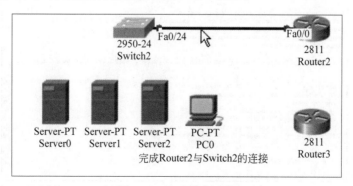

图 1.11  完成设备连接

## 1.5 在模拟器中配置网络

**1. 进入配置界面**

选择路由器 2621XM 进入工作区,单击该路由器图标将出现图 1.12 所示工作界面,其中 Physical 标签用于给设备添加扩展模块,Config 标签和 CLI 标签是图形化配置设备和命令行配置设备模式。在学习过程中需要采用 CLI 方式,单击 CLI 标签,将出现如图 1.13 所示的配置界面。

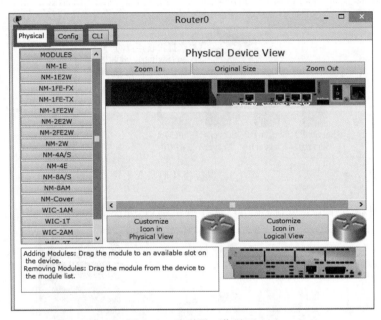

图 1.12 路由器工作界面

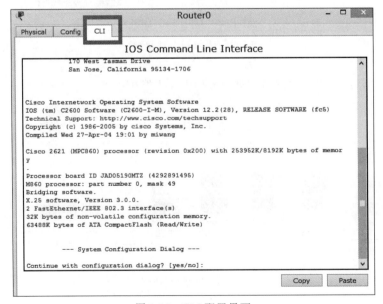

图 1.13 CLI 配置界面

　　CLI 配置界面完全模拟了 Cisco 交换机和路由器的命令行界面,但在真实的环境中并没有 CLI 配置界面。对于 Cisco 交换机和路由器的配置,必须添加配置终端才能进行,一般分为带内管理和带外管理两种。带内管理是利用设备和终端的网络通信实现的;带外管理是利用设备的 Console 口和终端设备的 RS232 口连接实现的。

**2. Packet Tracer 搭建局域网**

1)完成图 1.14 所示的设备连接

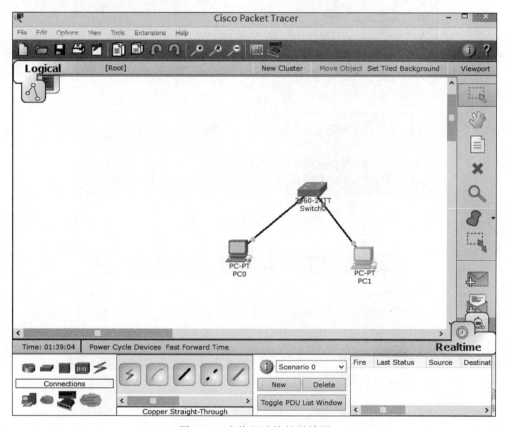

图 1.14　交换机连接的局域网

　　2)配置 PC0 和 PC1

　　单击 PC0 图标,选择 Desktop 标签,如图 1.15 所示。

　　单击 IP Conflouration 图标,进行终端 IP 配置,如图 1.16 所示。

　　PC0 IP 地址配置为 192.168.1.2,PC1 IP 地址配置为 192.168.1.3,方法比较简单,此处不作过多介绍。

　　3)验证网络连通性

　　单击 PC0 图标,进入图 1.15 所示的 Desktop 选项卡,单击 Command Prompt,进入命令行模式,输入命令: ping 192.168.1.3,结果如图 1.17 所示。

　　从图中可知,丢包率为 0,所以网络连通。

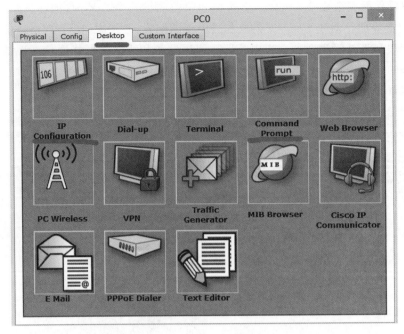

图 1.15　Desktop 选项卡

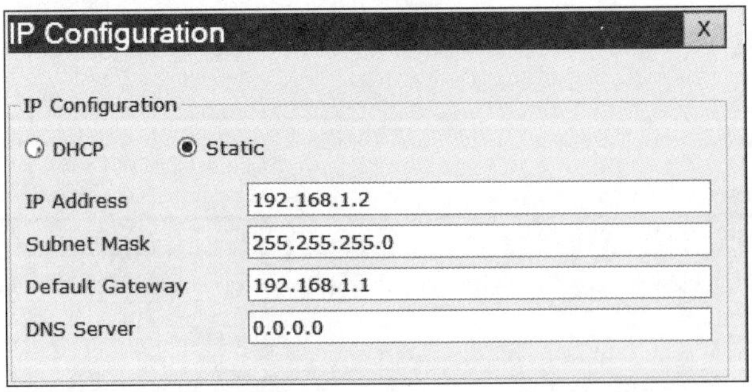

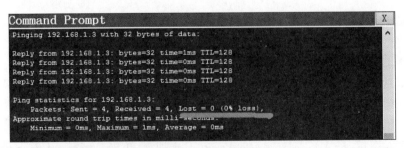

图 1.16　终端 IP 配置

图 1.17　连通性测试

# 实验 2　交换机基本配置

## 2.1　实验目标

（1）理解交换机基本配置模式和命令。

（2）掌握交换机管理安全配置的方法。

（3）掌握交换机配置文件保存和备份的方法。

## 2.2　实验背景

目前绝大部分局域网采用以太网技术，而以太网交换机是构建以太网的核心设备。以太网交换机（以下简称交换机）工作在数据链路层，基于数据帧的 MAC 地址进行数据包转发工作。交换机不仅是一种多端口网桥，它还拥有 VLAN 分割、STP 树生成、端口安全管理等功能。作为一名 IT 工程师，熟悉对交换机的常规配置和安全管理是最基本的业务技能。

## 2.3　技术原理

### 2.3.1　交换机工作原理

以太网是指运行 IEEE 802.3 以太网协议的网络。局域网运行的协议主要有以太网协议、令牌总线协议、令牌环网协议等，在没有特别说明的情况下，局域网通常是指以太局域网。以太网严格遵循 CSMA/CD(carrier sensor multiple access/collision detection，载波侦听多路访问/冲突检测)协议。计算机在发送数据前必须先进行侦听，只有当信道空闲时才能发送数据。如果有两台以上的主机侦听到信道空闲并同时发送数据帧，就会产生冲突，发送的帧都会成为无效帧，即发送失败。检测到冲突后，主机会等待一个随机的时间，然后重新进行侦听，并尝试发送。一台主机发送数据帧时，网络中的其他主机只能接收，属于半双工通信方式。

以太网常用网络设备是集线器和交换机，集线器工作在物理层，是非智能设备，一般不需要配置；而交换机工作在数据链路层，是一种智能设备（可以理解为一台执行特殊任务的计算机），拥有操作系统，一般需要进行配置管理才能执行特殊的任务。

集线器本质上是一种多端口的中继器，共享带宽，是星形拓扑结构的中心节点。集线器的基本功能是使用广播技术进行信息分发，将一个端口上接收到的信号，以广播的方式发送到集线器的其他所有端口。各端口接收到广播信息后，若发现该信息是发给自己的，则接收；否则丢弃。

最早的以太网交换机出现在 1989 年，可简单理解为多端口网桥，连接在端口上的主机或网段独享带宽。交换机的工作原理是存储转发,它将某个端口发送的数据帧先存储下来,通过解析数据帧,获得目的 MAC 地址,然后在交换机的 MAC 地址与端口对应表中,检索该目的主机所连接的交换机端口,找到后就立即将数据帧从源端口直接转发到目的端口。

局域网中有两个非常重要的概念:"冲突域"和"广播域",只有深刻理解了这两个概念,才能较好地理解以上两种设备工作模式的异同。

所谓冲突域是指连接到同一物理介质上的一组设备所构成的区域。使用同轴电缆以总线结构或使用集线器以星形结构搭建的以太网,所有节点处于一个共同的冲突域。如果有两台设备同时要使用传输介质(发送或接收数据),就会造成冲突。当主机增多时,冲突将成倍增加,带宽和速度将显著下降。

所谓广播域是指可以接收广播消息的一组设备所构成的区域,也就是广播帧所能到达的范围。例如,采用集线器的网络中,如果一个站点发出一个广播,集线器将把该消息传播给连接在该集线器上的所有站点,因此集线器的所有端口处在同一个广播域,此时冲突域和广播域的范围是相同的。

对于使用交换机以星形结构搭建的以太网,冲突域和广播域的范围不相同,冲突域被局限在其每个端口,而广播域扩散到所有端口。目前绝大部分局域网采用交换机搭建,本实验主要了解交换机的工作方式并完成交换机的配置。

如图 2.1 所示,交换机的 1X 和 2X 端口分别连接主机 A 和 B,为了实现主机 A 和 B 的通信,交换机内存储一张 MAC 表,其内容为主机和所连接端口的映射,但交换机初始化时 MAC 表为空。此时如果 A 向 B 发送数据,在收到 A 的数据帧后,交换机首先抽取该帧中的源 MAC 值并相应的端口号一起保存到 MAC 表中,该过程称为地址学习。接下来,由于交换机还未学习到目的 MAC 对应哪个端口,于是它将洪泛该帧到除接收端口外的所有端口上。若 B 收到数据帧并响应,交换机收到后将进行以下工作。

(1) 抽取该帧中的源 MAC 值并和对应的端口一起保存到 MAC 表中。

(2) 抽取该帧中的目的 MAC 值并以此值查找 MAC 表中对应的端口号。

(3) 如果查找成功将此帧只转发到该端口,如果不成功则洪泛。

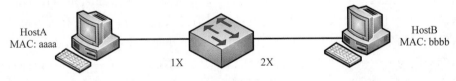

图 2.1  交换机工作原理

经过一段时间的学习后交换机将会在 MAC 表中保存所有连接的 MAC 地址及其对应的端口号,并保存一定时间(默认为 30 分钟)。如果某条记录在一定时间内没有被刷新,交换机将会删掉这条记录。

交换机转发数据帧的方式有以下 3 种。

(1) cut-through:又称为 fastforward 或者 real time 模式。交换机只读取到帧的目的地址为止,延时小,但不适合高错误率的网络。其转发速度最快,效率最高,可靠性最低。

(2) fragmentfree:交换机读取帧的前 64 字节。由于一般情况下冲突发生在数据帧的前 64 字节内,所以在这种模式下,交换机读取数据帧的前 64 字节内容才转发。其转发速度中等,效率中等,可靠性中等。

（3）store-and-forward：在这个模式下,交换机复制整个帧到缓冲区,然后计算 CRC,帧的长短可能不一样,所以延时因帧的长短而变化。如果 CRC 不正确,帧将被丢弃；如果正确,交换机查找硬件目的地址然后转发它们。其转发速度最慢,效率最低,可靠性最高。

影响交换机性能的指标主要是 Mpps 和背板带宽。Mpps 是 million packet per second 的缩写,即每秒可转发多少个百万数据包。其值越大,交换机的交换处理速度也就越快。背板带宽也是衡量交换机性能的重要指标之一,它直接影响交换机包转发和数据流处理能力。对于由几百台计算机构成的中小型局域网,几十 Gbps 的背板带宽一般可满足应用需求；对于由几千甚至上万台计算机而构成的大型局域网,例如高校校园网或城域教育网,则需要支持几百 Gbps 的大型三层交换机。

### 2.3.2　交换机外观和端口命名

#### 1. 交换机外观

图 2.2 是 Cisco Catalyst 2960-24TT 交换机的前后板图。

前面板图

后面板图

图 2.2　Catalyst 2960-24TT 前后板图

从图中可以看出,这款型号为 Cisco Catalyst 2960-24TT 的产品,前板上有 24 个以太网 10/100Mbps 端口,2 个千兆以太网端口,若干指示灯。后板上有电源接入线和 1 个 Console 接口。

#### 2. 端口命名

为了实现对交换机端口的管理,必须给端口进行命名,命名规范为"端口类型堆叠号/模块号/端口号"。不支持堆叠的交换机没有堆叠号。图 2.3 为 Cisco 公司的 Catalyst 2960-24TT 交换机端口命名情况。其中 FastEthernet0/1 表示端口类型为 FastEthernet（快速以太网口）,0/1 表示第 0 模块的第 1 个端口,其缩写的表达方式比较灵活,可以表示为 f0/1、fa0/1 等,且对于首部英文字母的大小写不做严格要求。该交换机没有堆叠号。

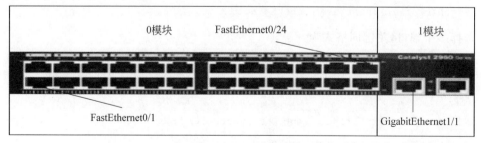

图 2.3　交换机端口命名情况

### 2.3.3　交换机启动过程

交换机的存储介质有 4 种,分别是 BooTROM、SDRAM、flash、NVRAM。其中,

BooTROM 存放启动代码,在交换机加电启动时负责基本的启动过程;SDRAM 是交换机工作内存,存放加载后的 IOS 以及当前运行配置文件 running-config,掉电后内容就会丢失;flash 存放交换机操作系统 IOS,因 flash 的存储特性,可以升级 IOS;NVRAM 的内容掉电也不会丢失,主要存放启动配置文件 startup-config,该文件是由 running-config 保存而生成,当交换机加电启动时,startup-config 被读取到 SDRAM 中,重新生成 running-config。图 2.4 为交换机的存储介质和启动过程。

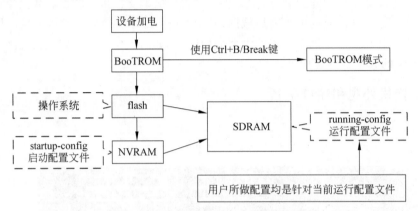

图 2.4 交换机的存储介质和启动过程

### 2.3.4 交换机基本配置命令格式

交换机配置的通用命令格式是"命令关键词+参数"。

下面列举一些常用的交换机配置命令。

**1. 配置交换机端口**

(1)端口选择。

选择一个端口,关键词格式为:

interface type mod/port

命令如:

Switch(config)#interface fastethernet 0/10

选择多个端口,关键词格式为:

interface range type mod/startport-endport

命令如:

Switch(config)#interface range fastethernet0/1-24

(2)设置端口通信速度,关键词格式为:

speed [10|100|1000|auto]

命令如:

Switch(config-if)#speed 100

（3）设置端口的单双工模式，关键词格式为：

duplex [full|half|auto]

命令如：

Switch(config-if)#duplex full

（4）控制端口协商，命令如：

Switch(config-if)#(no)negotiation auto

## 2. 配置交换机地址

其命令主要形式如下：

Switch(config)#interface vlan1
Switch(config-if)#ip address IP 地址 子网掩码
Switch(config-if)#no shutdown

默认情况下，交换机的所有端口均属于 VLAN1，VLAN1 是交换机默认创建和管理的
VLAN。

## 3. 常用配置命令

（1）设置系统日期和时钟，关键词格式为：

clock set

命令如：

Switch#clock set 11:28:16 21 march 2009
Switch#show clock
*11:41:19.724 UTC Sat March 21 2009

（2）设置设备的名称，关键词格式为：

hostname

命令如：

Switch(config)#hostname cisco2960
cisco2960(config)#

（3）设置交换机的 enable 密码，关键词格式为：

enable password

命令如：

Switch(config)#enable password gzeic

（4）设置交换机的 enable secret 密码，关键词格式为：

enable

命令如：

```
Switch(config)#enable secret cisco
```

（5）临时将某个端口关闭，参数格式为：

```
shutdown
```

命令如：

```
Switch(config)#interface fastEthernet 0/1
Switch(config-if)#shutdown
Switch(config-if)#no shutdown
```

（6）删除启动配置文件，参数格式为：

```
earse startup-config
```

命令如：

```
Switch#erase startup-config
```

（7）热启动交换机，参数格式为：

```
reload
```

命令如：

```
Switch#reload
Proceed with reload? [confirm]
```

（8）将当前运行配置文件保存到 NVRAM 中成为启动配置文件，参数格式为：

```
write
```

命令如：

```
Switch#write
Building configuration...
[OK]
```

## 2.3.5　交换机配置技巧

为方便用户配置，交换机提供了使用 Tab 键补全命令，? 符号获得帮助信息，no 字符否定命令等功能，并提供了多个快捷键，详见表 2.1。

表 2.1　常用快捷键

| 按　　键 | 功　　能 |
| --- | --- |
| 删除键（Backspace） | 删除光标所在位置的前一个字符，光标前移 |
| 上键（↑） | 显示上一条输入命令 |
| 下键（↓） | 显示下一条输入命令 |

续表

| 按　　键 | 功　　能 |
|---|---|
| 左键(←) | 光标向左移动一个位置 |
| 右键(→) | 光标向右移动一个位置 |
| Ctrl+Z 键 | 从其他配置模式(一般用户配置模式除外)直接退回到特权用户模式 |
| Ctrl+C 键 | 终止交换机正在执行的命令进程 |
| Tab 键 | 当输入的字符串可以无冲突地表示命令或关键字时,可以使用 Tab 键将其补充成完整的命令或关键字 |

（左键和右键的配合使用,可对已输入的命令做覆盖修改）

## 2.3.6　交换机配置方式

交换机的管理配置分为带外管理和带内管理两种,其中带外管理是不占用网络带宽的管理方式,即用户的终端设备通过交换机的 Console 端口对交换机进行配置管理。一般交换机初始化配置只能采用带外管理的方式。带内管理是当设备接入网络后,远程设备通过网络通信对交换设备进行管理,因其需要占用网络带宽,所以被称为带内管理。

如图 2.5 所示,采用带外管理时,首先将终端设备和交换机连接。

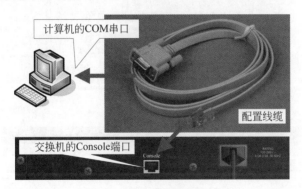

图 2.5　带外管理连接方式

然后,如图 2.6 所示,在终端设备的操作系统中找到自带的超级终端软件,或者安装第三方超级终端软件,如 SecureCRT。第三方软件新建连接的方式请参考其使用说明。图 2.6(a)建立一个新的连接。图 2.6(b)选择终端设备连接的串口的端口号。图 2.6(c)设置串口通信参数,单击"确定"按钮,进入图 2.6(d)界面,在该界面中出现 switch>提示符,则说明已经实现对交换机的控制,可以进行相关配置了。

在 Packet Tracer 模拟器中可以模拟如图 2.5 和图 2.6 所示的带外管理过程,如图 2.7所示。但 Packet Tracer 模拟器为了简化配置过程,提供了快捷进入通信设备配置的方式,直接单击通信设备图标,再单击 CLI 标签就可以进入配置界面。希望读者注意,这种方式只限于进行模拟器上的带外管理。现实中的带外管理必须按照图 2.5 和图 2.6 中的操作过程去实现。

路由器设备的管理和交换机类似。

(a) 建立新链接

(b) 选择串口

(c) 串口配置

```
Cisco Internetwork Operating System Software
IOS (tm) C2950 Software (C2950-I6Q4L2-M), Version 12.1(22)EA4,
RELEASE SOFTWARE(fc1)
Copyright (c) 1986-2005 by cisco Systems, Inc.
Compiled Wed 18-May-05 22:31 by jharirba

Press RETURN to get started!




Switch>
```

(d) 进入配置

图 2.6　带外管理

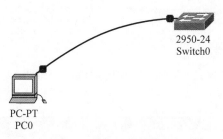

图 2.7　模拟器带外管理

## 2.4　交换机配置模式实验

### 2.4.1　实验准备

**步骤 1**

完成网络电缆连接,如图 2.8 所示,PC0 的网络接口卡连接 Switch0 的 f0/1 端口,PC1 的 RS232 口连接 Switch0 的 Console 口。

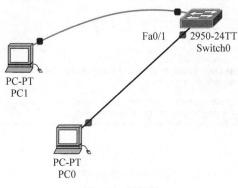

图 2.8　拓扑图

**步骤 2**

完成终端设备 PC0 的 IP 地址配置,如图 2-9 所示。

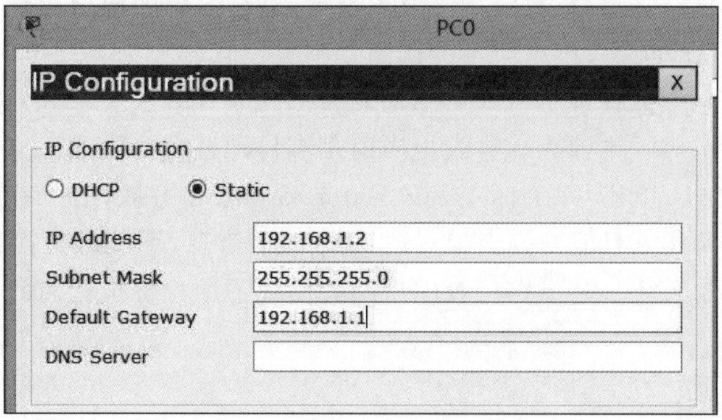

图 2.9　PC0 的 IP 地址配置

### 2.4.2　实验过程

**步骤 1：分析交换机启动过程**

打开交换机,进入 CLI 模式,观察系统加电后的引导过程,如图 2.10 所示。根据所观察的内容分析系统引导的过程。

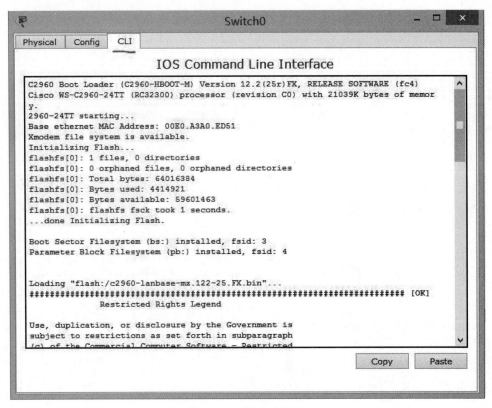

图 2.10　系统加电引导

**步骤 2：交换机配置模式**

交换机配置模式有以下几种。

Switch>,这种提示符表示当前是一般用户配置模式,只能使用一些查看命令。

Switch♯,这种提示符表示当前是特权用户配置模式。

Switch(config)♯,这种提示符表示当前是全局配置模式。

Switch(config-if)♯,这种提示符表示当前是端口配置命令模式。

(1) 启动交换机,单击 CLI 标签,按 Enter 键,进入一般用户配置模式,提示符为"Switch>"。在本模式下只能查询交换机的一些基本信息,不能对交换机做任何配置。在 Switch>提示符后输入"?",显示在一般用户配置模式下用户可执行的命令,内容如下:

```
Switch>?
Exec commands:
<1-99>      Session number to resume
  connect     Open a terminal connection
```

```
disable      Turn off privileged commands
disconnect   Disconnect an existing network connection
enable       Turn on privileged commands
exit         Exit from the EXEC
logout       Exit from the EXEC
ping         Send echo messages
resume       Resume an active network connection
show         Show running system information
telnet       Open a telnet connection
terminal     Set terminal line parameters
```

（2）在 Switch＞提示符输入 enable，进入特权用户配置模式，提示符为 Switch ♯ 。这种模式支持 debug 调试命令和其他各种网络性能测试命令，支持对交换机的详细检查以及对配置文件的操作，并且可以由此进入配置模式。

① 在特权用户配置模式下输入?，显示用户可执行的命令，内容如下：

```
Switch#?
Exec commands:
<1-99>       Session number to resume
 clear       Reset functions
 clock       Manage the system clock
 configure   Enter configuration mode
 connect     Open a terminal connection
 copy        Copy from one file to another
 debug       Debugging functions (see also 'undebug')
 delete      Delete a file
 dir         List files on a filesystem
 disable     Turn off privileged commands
 disconnect  Disconnect an existing network connection
 enable      Turn on privileged commands
 erase       Erase a filesystem
 exit        Exit from the EXEC
 logout      Exit from the EXEC
 more        Display the contents of a file
 no          Disable debugging informations
 ping        Send echo messages
 reload      Halt and perform a cold restart
 resume      Resume an active network connection
 setup       Run the SETUP command facility
 show        Show running system information
 ssh         Open a secure shell client connection
 telnet      Open a telnet connection
 terminal    Set terminal line parameters
 traceroute  Trace route to destination
 undebug     Disable debugging functions (see also 'debug')
 vlan        Configure VLAN parameters
```

```
        write        Write running configuration to memory, network, or terminal
```

② 在特权用户配置模式下,设置系统日期和时钟,并使用 show clock 查看系统日期和时钟,结果如下:

```
Switch#clock set 8:10:13 10 march 2020
Switch#show clock
*8:10:20.197 UTC Tue Mar 10 2020
```

③ 在特权用户配置模式下,输入 reload 重启交换机(热启动),结果如下:

```
Switch#reload
Proceed with reload? [confirm]
```

输入 y 或者 n 选择重启或取消重启。

④ 在特权用户配置模式下,输入 show ?,显示该命令的所有参数,其中 show flash:用于显示保存在 flash 中的文件;show interfaces 用于显示交换机端口信息;show running-config 用于显示运行配置文件信息;show version 用于显示交换机版本信息。具体内容如下:

```
Switch #show ?
  access-lists      List access lists
  arp               Arp table
  boot              show boot attributes
  cdp               CDP information
  clock             Display the system clock
  crypto            Encryption module
  dhcp              Dynamic Host Configuration Protocol status
  dtp               DTP information
  etherchannel      EtherChannel information
  flash:            display information about flash: file system
  history           Display the session command history
  hosts             IP domain-name, lookup style, nameservers, and host table
  interfaces        Interface status and configuration
  ip                IP information
  ipv6              IPv6 information
  logging           Show the contents of logging buffers
  mac               MAC configuration
  mac-address-table MAC forwarding table
  mls               Show MultiLayer Switching information
  port-security     Show secure port information
  privilege         Show current privilege level
  processes         Active process statistics
  running-config    Current operating configuration
  sessions          Information about Telnet connections
  snmp              snmp statistics
  spanning-tree     Spanning tree topology
```

```
ssh              Status of SSH server connections
startup-config   Contents of startup configuration
storm-control    Show storm control configuration
tcp              Status of TCP connections
tech-support     Show system information for Tech-Support
terminal         Display terminal configuration parameters
users            Display information about terminal lines
version          System hardware and software status
vlan             VTP VLAN status
vtp              VTP information
```

例如,在特权用户配置模式下,输入 show mac-address-table 显示交换机当前的 MAC 地址表的内容。注意,初始交换机的 MAC 地址表为空,当终端进行相关通信后,交换机的 MAC 地址表才能学到地址。结果如下:

```
Switch#show mac-address-table
        Mac Address Table
-------------------------------------------

Vlan    Mac Address    Type       Ports
----    -----------    --------   -----

 1     0050.0f30.e094   DYNAMIC    Fa0/1
```

以上内容显示 MAC 地址为 0050.0f30.e094 的终端,连接到交换机 Fa0/1 端口,Fa0/1 端口属于 VLAN 1。

⑤ 在特权用户配置模式下,输入 write 或者 copy running-config startup-config 将当前运行配置文件保存到 NVRAM 中,成为启动配置文件。

当交换机初始配置后没有保存启动配置文件,执行以下命令,会发现系统提示 startup-config is not present:

```
Switch#show startup-config
startup-config is not present
```

首先执行 write 命令,再执行 show startup-config,结果如下:

```
Switch#write
Building configuration...
[OK]
Switch#show startup-config
Using 1037 bytes
!
version 12.2
no service timestamps log datetime msec
no service timestamps debug datetime msec
no service password-encryption
!
```

```
hostname Switch
!
--More--
```

（3）在特权用户配置模式下输入 configure terminal 进入全局配置模式，提示符为 Switch(config)♯。在全局配置模式下，用户可以对交换机进行全局性的配置。用户在全局模式下还可通过命令进入到其他子模式进行配置。

① 在全局配置模式下进行主机名配置，内容如下：

```
Switch(config)#hostname test
test(config)#
```

② 在全局配置模式下设置交换机的 enable 密码，该密码能确保从一般用户配置模式进入特权用户配置模式的安全，内容如下：

```
test(config)#enable password ntdx
//设置 enable password 为 ntdx

test(config)#exit
test#exit
//退回一般用户配置模式
test>enable
Password:
//从一般用户配置模式进入特权用户模式需要提供 enable 密码
test#
```

③ 在全局配置模式下设置交换机的 enable secret 密码，该密码能确保从一般用户配置模式进入特权用户配置模式的安全。enable secret 密码和 enable 密码的区别是前者对密码进行了加密保存。若两种密码均进行了配置，以 enable secret 密码的有效性为主。enable secret 密码设置内容如下：

```
test(config)#enable secret xxxy
test(config)#exit
test#show running-config
Building configuration...

Current configuration : 1105 bytes
!
version 12.2
no service timestamps log datetime msec
no service timestamps debug datetime msec
no service password-encryption
!
hostname test
!
enable secret 5 $1$mERr$AgVy4H3KsV6Ui/ysHDjlZ0
enable password ntdx
```

以上配置命令首先进行了 enable secret 密码配置,然后退出到特权用户配置模式,执行 show running-config 命令,加粗字所示的 enable 密码为明文保存,而 enable secret 密码为加密保存。

(4) 全局配置模式下进入其他子模式配置,使用 interface 命令进入端口配置命令模式;使用 vlan 命令进入 VLAN 配置模式;使用 ip access-list 命令进入访问控制列表配置模式;使用 line 命令进入线路配置模式。

① 端口配置的内容如下:

```
test(config)#interface fastEthernet 0/1
//进入端口配置子模式
test(config-if)#shutdown
//临时关闭该端口。交换机端口默认为开启状态
test(config-if)#
%LINK-5-CHANGED: Interface FastEthernet0/1, changed state to administratively down

%LINEPROTO-5-UPDOWN: Line protocol on Interface FastEthernet0/1, changed state
to down
    //changed state to down 表示端口关闭
    test(config-if)#no shutdown %LINK-5-CHANGED: Interface FastEthernet0/1,
changed state to up

    %LINEPROTO-5-UPDOWN: Line protocol on Interface FastEthernet0/1, changed
state to up
//changed state to up 表示打开端口
```

② 配置交换机管理 IP 地址,目的是给二层设备一个 IP 地址,用于网络层通信,内容如下:

```
test(config)#interface vlan 1
test(config-if)#ip address 192.168.1.1 255.255.255.0
test(config-if)#no shutdown
%LINK-5-CHANGED: Interface Vlan1, changed state to up
%LINEPROTO-5-UPDOWN: Line protocol on Interface Vlan1, changed state to up
```

管理 IP 地址不能设置在交换机端口,因为交换机端口工作在数据链路层,所以将 vlan 1 作为一个虚拟端口,配置 IP 地址。

在任何一种模式下,输入 exit 命令均可退回到上一级模式;在任何模式下(除一般用户配置模式外)按 Ctrl+Z 键均能退回特权用户配置模式。

**步骤 3:交换机配置安全**

如图 2.11 所示,由于对交换机或者路由器的配置可分为带外管理和带内管理两种,其中带外管理是不占用网络带宽的管理方式,用户通过通信设备的 Console 端口或者 AUX 口进行配置管理;带内管理则是需要占用网络带宽的管理方式,一般是利用外部终端连接到被管理设备的 Interface。外部终端可以使用 telnet 协议登录到被管理设备,也可以利用 Web 方式进行远程管理。因此交换机或者路由器的配置安全也主要涉及带外管理和带内

管理的安全,保证非授权用户无法对交换机进行带外和带内配置,防止其篡改交换机配置内容。

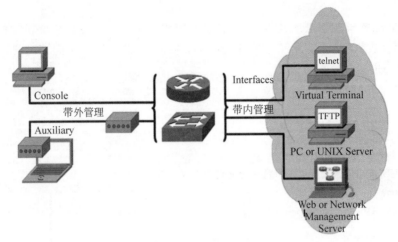

图 2.11 设备配置方式

1) Console 口管理安全配置

(1) 交换机进入全局配置模式,命令内容如下:

```
test(config)#line console 0
//进入 console 线路配置模式
test(config-line)#password wlgcx
//设置登录密码为 wlgcx
test(config-line)#login
//console 口登录时验证密码
test(config-line)#exit
test(config)#exit
test#write
```

(2) 在 PC1 的 Desktop 选项卡中单击 Terminal,如图 2.12 所示。终端配置选择默认值,如图 2.13 所示,单击 OK 按钮,从交换机的 Console 口登录。

(3) 热启动交换机,显示需要提供密码验证后交换机才允许从 Console 口登录,命令内容如下:

```
test#reload
User Access Verification
Password:
```

2) telnet 方式管理安全配置

(1) 交换机进入全局配置模式,命令内容如下:

```
test(config)#line vty 0 4
//进入虚拟终端线路配置模式,虚拟终端共 5 个,编号为 0~4,即可以同时有 5 个 telnet 客户端登
//录到交换机
test(config-line)#password jsjj
```

图 2.12  进入 PC1 的终端

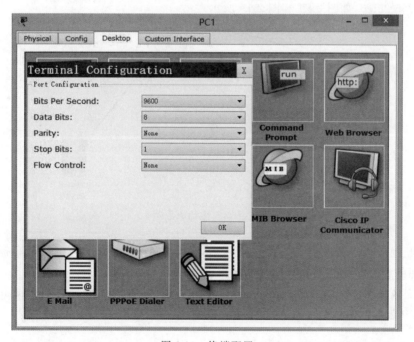

图 2.13  终端配置

//验证密码为 jsjj

test(config-line)#login

//要求 telnet 客户端登录时验证密码

test(config-line)#exit

```
test(config)#exit
test#write
Building configuration...
[OK]
```

（2）在 PC0 的命令提示符下，进行远程登录验证，目的地址为交换机管理 VLAN 地址。显示内容如下，输入正确密码才能成功进入交换机的 CLI 配置界面。

```
PC>telnet 192.168.1.1
Trying 192.168.1.1 ...Open
User Access Verification
Password:
```

**步骤 4：交换机配置文件备份**

交换机配置完毕后用 write 命令进行保存，该命令只是将配置信息以文本的形式保存在 NVRAM 中，当交换机出现故障后该配置文件依旧会丢失。为了交换机配置信息的可靠和安全，需要把正确的配置文件从交换机下载下来进行备份。需要的时候可以直接上传到交换机快速恢复配置。交换机的 IOS 也可以采用类似的办法进行备份和升级。常用的交换机配置文件和 IOS 备份方法采用 TFTP 服务器，实验步骤如下。

（1）在图 2.8 所示的拓扑图基础上添加一台服务器，设置其 IP 地址为 192.168.1.3，掩码为 255.255.255.0，如图 2.14 和图 2.15 所示。

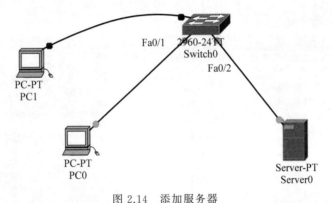

图 2.14　添加服务器

（2）配置 TFTP 服务器。如图 2.16 所示，进入服务器的 Config 选项卡，选择 TFTP 选项，在界面的右边部分设置 Service 为 on 状态。

（3）交换机配置文件下载。在交换机执行以下命令，将启动配置文件 startup-config 保存到 TFTP 服务器中。

```
test#copy startup-config tftp:
//备份 startup-config 文件到 TFTP 服务器
Address or name of remote host []? 192.168.1.3
//提示输入 TFTP 服务器的地址
Destination filename [test-confg]? backup-startup
//提示输入备份后的文件名
Writing startup-config....!!
```

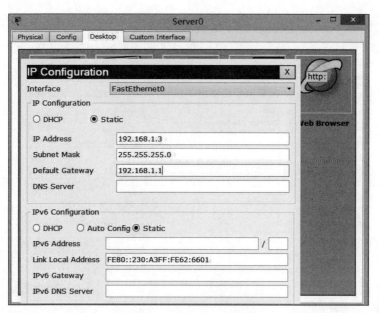

图 2.15　服务器 IP 地址设置

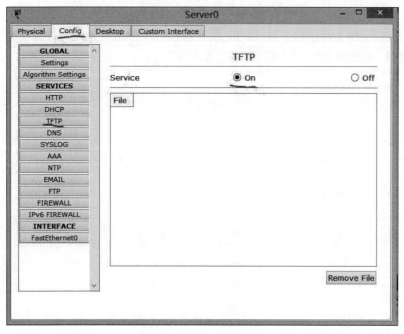

图 2.16　配置 TFTP 服务器

```
[OK - 1156 bytes]
//提示备份成功
1156 bytes copied in 3 secs (0 bytes/sec)
```

　　打开服务器的 Config 选项卡,查看 TFTP 服务,在 File 界面中出现 backup-startup 文件(如图 2.17 所示),则说明备份成功。

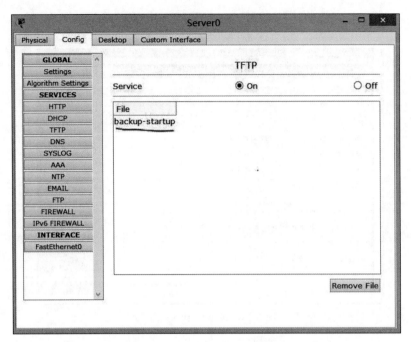

图 2.17　查看 TFTP 服务器内容

（4）TFTP 备份文件上传。将 TFTP 服务器根目录中所备份的文件保存为交换机中的启动配置文件,在交换机上的配置过程和结果如下:

```
test#copy tftp: startup-config
//上传 TFTP 服务器上的备份文件为启动配置文件
Address or name of remote host [ ]?192.168.1.3
//提示输入服务器地址
Source filename [ ] backup-startup
//提示输入源文件名
Destination filename[startup-config]? startup-config
//提示输入目标文件名
```

# 实验3 VLAN配置

## 3.1 实验目标

(1) 掌握单交换机 VLAN 配置的方法。
(2) 掌握跨交换机 VLAN 配置的方法。
(3) 理解 trunk 的作用。

## 3.2 实验背景

假设有一位某公司新入职的网络管理员,员工对其投诉,称该公司网络中经常有大量的广播数据,挤占大量带宽,无法开展有效业务。经调研,该网络管理员发现该公司有管理、财务、销售等若干部门,每个部门有若干计算机,均接入同一交换机,并且网络上的所有用户都能监测到流经的业务,用户只要插入任一活动端口就可访问网段上的广播包。针对这个问题,应该如何提出一个有效的解决方案?

## 3.3 技术原理

### 3.3.1 VLAN 简介

虚拟局域网(virtual local area network,VLAN)是将局域网从逻辑上划分为一个个网段,从而实现虚拟工作组的一种交换技术。

使用交换机构成的一个物理局域网,整个网络属于同一个广播域,广播帧或多播帧(multicast frame)都将被广播到整个局域网中的每一台主机。在网络通信中,广播信息是普遍存在的,这些广播帧将占用大量的网络带宽,导致网络速度和通信效率的下降,并额外增加了网络主机为处理广播信息而产生的负荷。交换技术的发展,允许物理上分散的组织在逻辑上分成若干新的工作组,把一个大的广播域分割成多个小的广播域,这就是所谓的虚拟局域网技术(VLAN)。VLAN 之间的广播互不可达,VLAN 间互不影响,每个 VLAN 是一个独立的广播域。值得注意的是,VLAN 隔离了广播风暴,同时也隔离了各个不同的 VLAN 之间的通信,所以不同的 VLAN 之间的通信是需要有三层设备(如路由器、三层交换机)来完成的。

下面通过一个具体的案例分析在交换机上 VLAN 划分的作用。

在一台未设置任何 VLAN 的二层交换机上,任何广播帧都会被转发给除接收端口外的所有其他端口(flooding)。例如,如图 3.1 所示,计算机 A 发送广播信息后,会被转发给端口 2、3、4,并转发给与这些端口连接的主机 B、C、D。

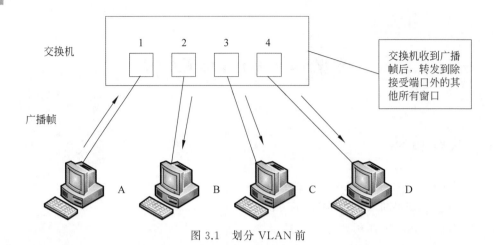

图 3.1　划分 VLAN 前

如果在交换机上生成两个 VLAN(10、20),同时设置端口 1、2 属于 VLAN 10,端口 3、4
属于 VLAN 20(如图 3.2 所示),若从 A 发出广播帧的话,交换机就只会把它转发给同属于
一个 VLAN 的端口 2,不会转发给属于 VLAN 20 的端口。同样,C 发送广播信息时,只会
被转发给属于 VLAN 20 的其他端口,不会被转发给属于 VLAN 10 的端口。

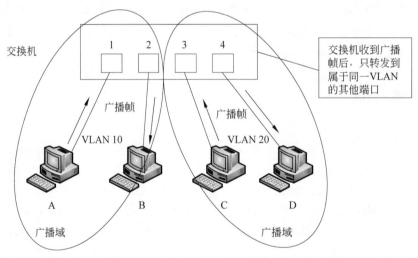

图 3.2　划分 VLAN 后

可见,VLAN 的本质是通过限制广播帧转发的范围来分割广播域的,用不同的广播域
表示不同的 VLAN。不同的 VLAN 用不同的 VLAN ID 来区分。

通过以上分析可知,在交换机上划分不同的 VLAN 后,交换机端口必须能区分所接收
的数据帧隶属于哪一个 VLAN,这就需要在普通的 MAC 帧上插入新的字段标签以区分不
同的 VLAN,完成标签插入的代表协议有 IEEE 802.1q 和 ISL(inter switch link)。因为
ISL 是 Cisco 私有的协议,只能用于 Cisco 交换机的 VLAN 配置,所以下面仅分析 IEEE
802.1q 协议。

IEEE 802.1q 所附加的 VLAN 识别信息,位于以太网数据帧中"发送源 MAC 地址"与
"类别域"(type field)之间(见图 3.3)。具体为 2 字节的 TPID(tag protocol identifier)和 2

字节的 TCI(tag control information),共计 4 字节。TPID 的值固定为 0x8100,它表示网络帧承载的 IEEE 802.1q 类型,交换机通过它来确定数据帧是否附加了基于 IEEE 802.1q 的 VLAN 信息。而关键的 VLAN ID,是 TCI 中的 12 位。由于总共有 12 位,因此最多可标识 4096 个 VLAN。这种基于 IEEE 802.1q 附加的 VLAN 信息,就像在传递物品时附加的标签。因此,它也被称作"标签型 VLAN"(tagging VLAN)。

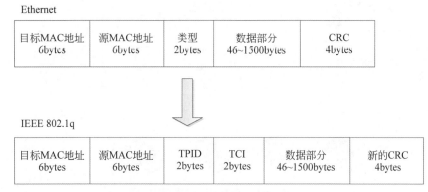

图 3.3　IEEE 802.1q 帧格式

因此,在引入 VLAN 技术后,以太网帧就可能有以下两种形式。

(1) 无标记帧(untagged 帧):原始的、未加入 4 字节 VLAN 标签的以太网帧。

(2) 有标记帧(tagged 帧):加入了 4 字节 VLAN 标签的帧,即图 3.3 中的 IEEE 802.1q 帧。

以太网链路包括接入链路(access link)和干道链路(trunk link)。接入链路用于连接交换机和用户(如用户主机、服务器等),只可以承载 1 个 VLAN 的数据帧。干道链路用于交换机间互连或连接交换机与路由器,可以承载多个不同 VLAN 的数据帧。在接入链路上传输的数据帧都是无标记帧,在干道链路上传输的数据帧都是有标记帧。

交换机内部处理的数据帧一律都是有标记帧。从用户终端接收无标记帧后,交换机会为无标记帧添加 VLAN 标签,重新计算帧检验序列(FCS),然后通过干道链路发送帧;向用户终端发送帧前,交换机会去除 VLAN 标签,并通过接入链路向终端发送无标记帧。

总结划分 VLAN 的作用如下。

(1) 控制网络的广播,增加广播域的数量,减小广播域的范围。

(2) 增强网络的安全性。在缺少路由的情况下,VLAN 之间不能直接通信,从而起到了隔离作用,并提高了 VLAN 中用户的安全性。VLAN 间的通信可通过应用访问控制列表,来实现 VLAN 间的安全通信。

(3) 便于对网络进行管理和控制。

### 3.3.2　VLAN 划分方式

#### 1. 静态 VLAN——基于端口

静态 VLAN 又被称为基于端口的 VLAN(port-based VLAN),就是明确指定交换机各端口属于哪个 VLAN。如图 3.4 所示,1、2 号端口指派给 VLAN 1,3、4 号端口指派给 VLAN 2,这样接入端口 1 和 2 的终端就属于同一个广播域,即同一个虚拟局域网,而接入端口 3 和 4 的终端就属于另一个虚拟局域网。这种方式的优点是管理简单,缺点是由于需要一个个端口地指定,因此当网络中的计算机超过一定数量(比如数百台)后,设定操作就会变得复杂。并且,客户端每次变更所连端口,都必须同时更改该端口所属 VLAN 的设定,不适合需要频繁改变拓扑结构的网络。

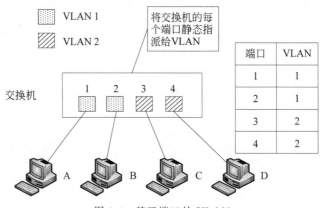

图 3.4　基于端口的 VLAN

**2. 动态 VLAN**

动态 VLAN 是以终端设备来定义虚拟局域网,交换机端口因不同的接入终端改变所属的 VLAN。动态 VLAN 可以分为 3 类:基于 MAC 地址的 VLAN(MAC_based VLAN)、基于子网的 VLAN(subnet_based VLAN)、基于用户的 VLAN(user_based VLAN)。

(1) 基于 MAC 地址的 VLAN,是通过查询并记录端口所连计算机上网卡的 MAC 地址来决定端口的所属的。假定有一个 MAC 地址 A 被交换机设定为属于 VLAN 10,那么不论这台 MAC 地址为 A 的计算机连在交换机哪个端口,该端口都会被划分到 VLAN 10 中去。这种基于 MAC 地址的 VLAN 缺点是在设定时必须调查所连接的所有计算机的 MAC 地址并加以记录。如果计算机变换了网卡,还需要更改设定。

(2) 基于子网的 VLAN,是通过所连计算机的 IP 地址来决定端口所属 VLAN 的。即使计算机因为变换了网卡或是其他原因导致 MAC 地址改变,只要它的 IP 地址不变,就仍可以加入原先设定的 VLAN。

(3) 基于用户的 VLAN,是根据交换机各端口所连的计算机上当前登录的用户的,来决定该端口属于哪个 VLAN。这里的用户识别信息,一般是计算机操作系统登录的用户,比如可以是 Windows 域中使用的用户名。这些用户名信息,属于 OSI 第四层以上的信息。

本实验主要学习基于端口的 VLAN 划分方法和步骤。

### 3.3.3　VLAN 设置命令格式

(1) 在单台交换机上配置 VLAN 的基本步骤和主要命令如下。
① 创建 VLAN:

```
Switch (config)#vlan vlan-id
Switch (config)#name vlan-name
```

② 将端口加入 VLAN：

```
Switch(config-if)#switchport mode access
Switch(config-if)#switchport access vlan vlan-id
```

③ 检查的命令：

```
Switch#show vlan
```

（2）跨交换机配置 VLAN 的基本步骤和主要命令如下。

① 在各交换机配置 VLAN；

② 将端口加入 VLAN；

③ 将交换机互联端口配置成 trunk 模式，建立 trunk 干线；

④ 检查。

其中配置 trunk 的基本步骤和主要命令如下。

① 进入接口配置命令模式；

② 选择封装类型（IEEE 802.1q 或 ISL），默认为 IEEE 802.1q：

```
Switch(config-if)#switchport trunk encapsulation dot1q
```

③ 配置一个接口成为 trunk：

```
Switch(config-if)#switchport mode trunk
```

④ 配置 trunk 允许通过的 VLAN（默认允许全部）：

```
Switch(config-if)#switchport trunk allowed vlan all
```

⑤ 在接口下用 no shutdown 命令激活 trunk 进程：

```
Switch(config-if)#no shutdown
```

# 3.4  单交换机 VLAN 配置实验

## 3.4.1  实验准备

（1）根据图 3.5 的拓扑图 1 所示完成网络电缆连接。

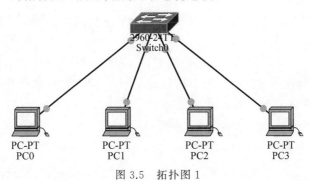

图 3.5  拓扑图 1

（2）按表 3.1 完成终端设备的 IP 地址配置。以 PC0 为例，其 IP 地址配置如图 3.6 所示。

表 3.1　接口地址分配表 1

| 设备名称 | 接口 | IP 地址 | 子网掩码 | 默认网关 | 交换机端口 | VLAN |
| --- | --- | --- | --- | --- | --- | --- |
| PC0 | 网卡 | 192.168.1.2 | 255.255.255.0 | 192.168.1.1 | Fa0/1 | 10 |
| PC1 | 网卡 | 192.168.1.3 | 255.255.255.0 | 192.168.1.1 | Fa0/2 | 10 |
| PC2 | 网卡 | 192.168.2.2 | 255.255.255.0 | 192.168.2.1 | Fa0/3 | 20 |
| PC3 | 网卡 | 192.168.2.3 | 255.255.255.0 | 192.168.2.1 | Fa0/4 | 20 |

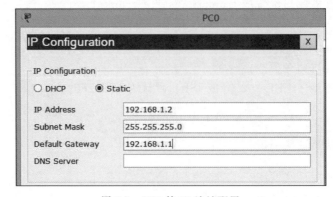

图 3.6　PC0 的 IP 地址配置

### 3.4.2　实验过程

**步骤 1**

（1）配置交换机主机名为 S1，命令如下：

```
switch(config)#hostname s1
```

（2）禁用 DNS 查找，命令如下：

```
s1(config)#no ip domain-lookup
```

**步骤 2**

（1）在没有进行 VLAN 配置的情况下，使用 show vlan 命令查看 VLAN 情况，部分内容如图 3.7 所示。

从图 3.7 可知，在默认情况下，交换机已经创建了 VLAN 1，并且所有端口都属于 VLAN 1，所以默认情况下交换机的所有端口处于同一个广播域，也就是同一个局域网段。

（2）在全局配置模式下使用 **vlan** vlan-id 命令将 VLAN 10 和 VLAN 20 添加到交换机 S1。并分别命名为 management 和 guest，命令如下：

```
s1(config)#vlan 10
//创建 VLAN,其 vlan-id 值为 10,并进入 VLAN 配置模式,no vlan 10 命令删除 vlan 10
s1(config-vlan)#name management   //将 VLAN 10 命名为 management
```

```
Switch#show vlan

VLAN Name                             Status    Ports
---- -------------------------------- --------- -------------------------------
1    default                          active    Fa0/1, Fa0/2, Fa0/3, Fa0/4
                                                Fa0/5, Fa0/6, Fa0/7, Fa0/8
                                                Fa0/9, Fa0/10, Fa0/11, Fa0/12
                                                Fa0/13, Fa0/14, Fa0/15, Fa0/16
                                                Fa0/17, Fa0/18, Fa0/19, Fa0/20
                                                Fa0/21, Fa0/22, Fa0/23, Fa0/24
                                                Gig1/1, Gig1/2

1002 fddi-default                     act/unsup
1003 token-ring-default               act/unsup
1004 fddinet-default                  act/unsup
1005 trnet-default                    act/unsup

VLAN Type  SAID       MTU   Parent RingNo BridgeNo Stp  BrdgMode Trans1 Trans2
---- ----- ---------- ----- ------ ------ -------- ---- -------- ------ ------
1    enet  100001     1500  -      -      -        -    -        0      0
1002 fddi  101002     1500  -      -      -        -    -        0      0
1003 tr    101003     1500  -      -      -        -    -        0      0
1004 fdnet 101004     1500  -      -      -        ieee -        0      0
1005 trnet 101005     1500  -      -      -        ibm  -        0      0
```

图 3.7   使用 show vlan 命令查看 VLAN 情况

```
s1(config-vlan)#exit
s1(config)#vlan 20
s1(config-vlan)#name guest
s1(config-vlan)#exit
```

（3）在特权用户配置模式下使用 show vlan 命令检验在 S1 上创建的 VLAN，如图 3.8 所示。

```
s1#show vlan

VLAN Name                             Status    Ports
---- -------------------------------- --------- -------------------------------
1    default                          active    Fa0/1, Fa0/2, Fa0/3, Fa0/4
                                                Fa0/5, Fa0/6, Fa0/7, Fa0/8
                                                Fa0/9, Fa0/10, Fa0/11, Fa0/12
                                                Fa0/13, Fa0/14, Fa0/15, Fa0/16
                                                Fa0/17, Fa0/18, Fa0/19, Fa0/20
                                                Gig1/1, Gig1/2

10   management                       active
20   guest                            active
1002 fddi-default                     act/unsup
1003 token-ring-default               act/unsup
1004 fddinet-default                  act/unsup
1005 trnet-default                    act/unsup
```

图 3.8   在特权模式下使用 show vlan 命令

观察 show vlan 的结果，出现 default、management 和 guest 3 个 VLAN，其 ID 分别为 1、10 和 20，其中 default 的端口为交换机的所有端口，而 management 和 gues 目前没有端口。

请思考，这个现象说明了什么问题？

（4）在端口配置命令模式下将交换机端口分配给 VLAN，命令如下：

```
s1(config)#interface range f0/1 - 2
//进入端口配置,使用 range 参数实现了多端口的配置
s1(config-if-range)#switchport mode access
```

```
//设置端口工作模式为 access,access 是交换机端口默认工作模式
s1(config-if-range)#switchport access vlan 10
//把 f0/1 - 2 端口加入 VLAN 10,no witchport access vlan 10 可以从 VLAN 10 删除端口
s1(config-if-range)#exit
s1(config)#interface range f0/3 - 4
s1(config-if-range)#switchport mode access
s1(config-if-range)#switchport access vlan 20
```

（5）在特权用户配置模式下用 show vlan 命令检验在 S1 上已添加的端口。

问：哪些端口已经分配给 VLAN 10 ?

**步骤 3**

配置管理 VLAN。管理 VLAN 是配置用于访问交换机管理功能的 VLAN,默认将 VLAN 1 作为管理 VLAN。通过为管理 VLAN 分配 IP 地址和子网掩码,交换机可通过 HTTP、telnet、SSH 或 SNMP 进行管理。因为 Cisco 交换机的出厂配置将 VLAN 1 作为默认 VLAN,所以将 VLAN 1 用作管理 VLAN 不安全。在本实验中,将管理 VLAN 配置为 VLAN 99。IP 地址为 192.168.3.1,掩码为 255.255.255.0,命令如下：

```
s1(config)#interface vlan 99
//将 VLAN 99 看作一个接口进行配置
s1(config-if)#ip address 192.168.3.1 255.255.255.0
//配置 IP 地址和掩码,以后对该交换机可以采用本地址进行远程访问
s1(config-if)#no shutdown
//激活接口
```

**步骤 4**

（1）打开 PC0 的命令行窗口,执行 ping 192.168.1.3 命令,观察结果。

（2）打开 PC0 的命令行窗口,执行 ping 192.168.2.3 命令,观察结果。

根据观察到的现象,可以得到什么结论？

**步骤 5**

```
s1#write        //保存配置
```

# 3.5 跨交换机 VLAN 配置实验

在 VLAN 配置中,使用 switchport mode 命令来指定交换机端口（switchport）的工作模式,其工作模式主要有 access port 和 trunk port 两种（默认为 access）。如果一个 switch port 是 access 模式,则该接口只能为一个 VLAN 的成员,这种接口又称为 port VLAN;如果一个 switch port 是 trunk 模式,则该接口可以是多个 VLAN 的成员,这种配置被称为 tag VLAN。

为使跨越多台交换机的同一个 VLAN 的成员能够相互通信,交换机之间互联用的端口必须被设置为 trunk 模式,交换机之间可以传输多个 VLAN 的信息的那条线缆被称为干线（trunk）,干线又称主干。

### 3.5.1　实验准备

**步骤 1**

根据图 3.9 所示的拓扑图 2 完成网络电缆连接。

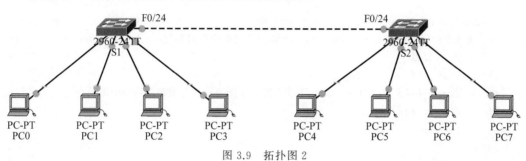

图 3.9　拓扑图 2

**步骤 2**

按表 3.2 完成终端设备的 IP 地址配置。

表 3.2　接口地址分配表 2

| 设备名称 | 交换机 | IP 地址 | 子网掩码 | 默认网关 | 交换机端口 | VLAN |
|---|---|---|---|---|---|---|
| PC0 | S1 | 192.168.1.2 | 255.255.255.0 | 192.168.1.1 | F0/1 | 10 |
| PC1 | S1 | 192.168.1.3 | 255.255.255.0 | 192.168.1.1 | F0/2 | 10 |
| PC2 | S1 | 192.168.2.2 | 255.255.255.0 | 192.168.2.1 | F0/3 | 20 |
| PC3 | S1 | 192.168.2.3 | 255.255.255.0 | 192.168.2.1 | F0/4 | 20 |
| PC4 | S2 | 192.168.1.4 | 255.255.255.0 | 192.168.1.1 | F0/1 | 10 |
| PC5 | S2 | 192.168.1.5 | 255.255.255.0 | 192.168.1.1 | F0/2 | 10 |
| PC6 | S2 | 192.168.2.4 | 255.255.255.0 | 192.168.2.1 | F0/3 | 20 |
| PC7 | S2 | 192.168.2.5 | 255.255.255.0 | 192.168.2.1 | F0/4 | 20 |

### 3.5.2　实验过程

**步骤 1**

（1）配置交换机主机名分别为 S1 和 S2。

（2）在交换机 S1 完成 VLAN 10 和 VLAN 20 的配置，并将端口 F0/1、F0/2 移入 VLAN 10，将端口 F0/3、F0/4 移入 VLAN 20。

（3）在交换机 S2 完成 VLAN 10 和 VLAN 20 的配置，并将端口 F0/1、F0/2 移入 VLAN 10，将端口 F0/3、F0/4 移入 VLAN 20。

**步骤 2**

（1）配置交换机 S1，进入 F0/24 端口，设置该端口的工作模式为 trunk，并允许所有 VLAN 帧通过该端口，命令如下：

```
s1(config)#interface f0/24
```

```
s1(config-if)#shutdown
s1(config-if)#switchport trunk encapsulation dot1q
//使用 IEEE 802.1q 的帧格式封装端口所接收的数据帧。有些仿真器因版本问题可能在实验中不
//支持该命令,但不影响实验结果

s1(config-if)#switchport mode trunk
//设置该交换机端口为 trunk 模式,trunk 链路在交换机之间起到了 VLAN 管道的作用,可以通过
//多个 VLAN 数据
s1(config-if)#switchport trunk allowed vlan 10,20
//设置 Trunk 端口允许通过的 VLAN,若用参数 all 则表示允许通过所有 VLAN
S1(config-if)#no shutdown
s1(config-if)#exit
s1#write
```

(2) 配置交换机 S2,进入 F0/24 端口,设置该端口的工作模式为 trunk,并允许所有 VLAN 帧通过该端口,命令如下:

```
S2(config)#interface f0/24
S2(config-if)#shutdown
S2(config-if)#switchport trunk encapsulation dot1q
S2(config-if)#switchport mode trunk
S2(config-if)#switchport trunk allowed vlan all
S2(config-if)#no shutdown
S2(config-if)#exit
S2#write
```

(3) 在交换机 S1 或者 S2 特权用户配置模式下输入 show interfaces trunk,请分析输出结果。

**步骤 3**

(1) 在终端 PC0 中打开命令行窗口输入命令 ping 192.168.1.4,观察其结果。

(2) 在终端 PC0 中打开命令行窗口输入命令 ping 192.168.2.4,观察其结果。

(3) 分析以上(1)、(2)步的操作,可以得到什么结论?

# 实验 4  路由器基本配置

## 4.1  实验目标

（1）掌握路由器基本配置的方法。

（2）掌握路由器接口配置的方法。

（3）掌握 VLAN 间路由配置的方法。

## 4.2  实验背景

路由器是用于不同局域网互联构成虚拟互联网的专用设备，工作在网络层，基于 IP 地址进行工作。其主要功能是生成路由表，确定数据包传递的最佳路径，并根据需要实现数据链路层协议转换。作为 IT 工程师，掌握路由器的常规配置和路由管理是核心的业务技能。

## 4.3  技术原理

### 4.3.1  认识路由器

路由器（router）是用于连接多个逻辑上分开的网络的设备。当数据包从一个逻辑网络传输到另一个逻辑网络时，一般需要通过路由器来完成。因此，路由器具有判断网络地址和选择路径的功能，它能在多网络互联环境中，建立灵活的连接，可用完全不同的数据分组和介质访问方法连接各种网络。路由器的功能主要集中在两方面：路由寻址和协议转换。路由寻址主要包括为数据包选择最优路径并进行转发，同时学习并维护网络的路径信息（即路由表）。协议转换主要包括连接不同通信协议网段（如局域网和广域网）、过滤数据包、拆分大数据包、进行子网隔离等。

路由器主要是由硬件和软件组成的。硬件主要由中央处理器、存储器、网络接口等物理硬件和电路组成；软件主要由路由器的 IOS 操作系统、配置文件、协议栈等组成。下面主要分析路由器硬件结构。

路由器和常见的 PC 设备一样，有 4 个基本部件：CPU、RAM、接口和总线。但没有键盘、硬盘和显示器。因为路由器需要连接不同的局域网，所以路由器多了各种接口。在存储类型上增加了 NVRAM 和 flash 等。路由器硬件结构如图 4.1 所示。

路由器各个部件的作用描述如下。

（1）CPU：执行操作系统的指令，包括系统初始化、路由和交换等功能。

（2）RAM：用来保存一些临时的指令和数据，包括 operating system（运行的操作系统）、running-config（运行配置文件）、IP routing table（IP 路由表）、ARP cache（ARP 缓存，

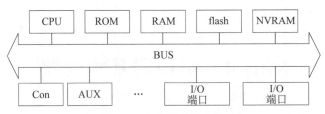

图 4.1　路由器硬件结构

用于路由器的以太网接口)、packet buffer(包缓冲区)。设备断电后,RAM 中的内容全部丢失。

（3）ROM：用来存储那些不经常变动的内容,包括 bootstrap instructions(引导程序)、basic diagnostic software(基本诊断程序)、version of IOS(缩小版的 IOS)。设备断电后,只读存储器的内容不会丢失。

（4）flash：在大多数 Cisco 路由器上闪存被用来保存路由器的 IOS,设备断电后,闪存的内容不会丢失。

（5）RAM：路由器使用 NVRAM 来保存启动配置文件(startup-config),如果希望路由器重启后所做的修改仍然起作用,就需要将 RAM 中的 running-config 保存到 NVRAM 的 startup-config 中。设备断电后,NVRAM 中的内容不会丢失。

（6）I/O 端口：外部可见的各类接口,如串口(serial)、以太口(Ethernet)、快速以太口(FastEthernet)等。

（7）Con 和 AUX 口：用于设备配置。

图 4.2～图 4.4 分别为 Cisco 公司 2500 系列路由器的前视图、后视图和内视图。

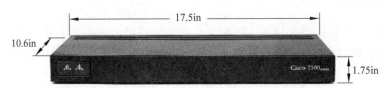

图 4.2　路由器前视图

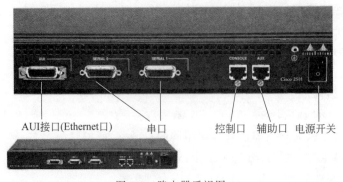

AUI接口(Ethernet口)　串口　控制口　辅助口　电源开关

图 4.3　路由器后视图

路由器常用连接线缆如图 4.5 和图 4.6 所示。控制线用于路由器的控制口与终端设备的串口连接,进行带外管理。双绞线是最常用的网络通信介质,路由器的以太口常用双绞线

网络接口　网络接口

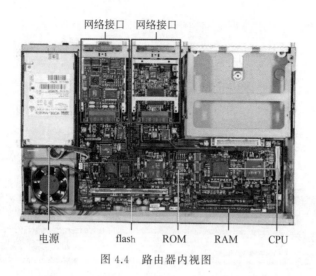

电源　　　flash　　ROM　　RAM　　CPU

图 4.4　路由器内视图

与其他通信设备的以太口连接。双绞线的制作标准如图 4.7 所示，连接线序有 568A 和 568B 两种，其中直通线（straight-through）为 568B-568B；交叉线（cross-over）为 568A-568B。现在的路由器设备接口基本已实现对直通与交叉的自适应，但作为初学者，还是需要了解二者的区别。

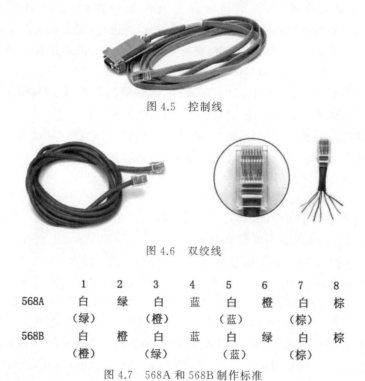

图 4.5　控制线

图 4.6　双绞线

| | 1 | 2 | 3 | 4 | 5 | 6 | 7 | 8 |
|---|---|---|---|---|---|---|---|---|
| 568A | 白<br>（绿） | 绿 | 白<br>（橙） | 蓝 | 白<br>（蓝） | 橙 | 白<br>（棕） | 棕 |
| 568B | 白<br>（橙） | 橙 | 白<br>（绿） | 蓝 | 白<br>（蓝） | 绿 | 白<br>（棕） | 棕 |

图 4.7　568A 和 568B 制作标准

## 4.3.2　路由器的接口类型

路由器和交换机相比，接口类型比较多，大致可以分为 3 类。

（1）局域网接口，用于连接局域网，例如 RJ-45 接口。

（2）广域网接口，用于与外部广域网连接，例如同步串行接口、异步串行接口。

（3）配置接口，用来对路由器进行配置，例如 Console 和 AUX 口。

路由器接口都有自己的名字和编号，一个路由器接口的名称由它的类型标志与数字编号构成，编号自 0 开始。通常情况下，路由器接口的命名格式为：类型＋插槽/接口适配器/接口号。图 4.8 为 Cisco C2811 路由器接口的命名方式。

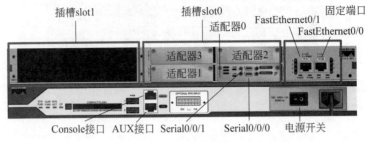

图 4.8　Cisco C2811 路由器接口命名方式

### 4.3.3　路由器的启动

Cisco 路由器采用的操作系统软件被称为 IOS，与计算机上的操作系统一样，Cisco IOS 管理路由器的硬件和软件资源，包括存储器的分配、进程、安全和文件系统。Cisco IOS 属于多任务操作系统，集成了路由、安全、交换等功能。Cisco 公司根据不同的路由器型号和 IOS 内部功能，创建了不同类型的 IOS 映象。

当路由器启动时，它需要执行一系列的操作，即所谓的启动顺序（boot sequence），其目的是测试硬件并加载所需要的软件。启动顺序包括以下步骤。

（1）路由器执行 POST（开机自检）。POST 将检查硬件，以验证设备的所有组件目前是否可运行。例如，POST 会分别检查路由器的不同接口。POST 保存在 ROM（只读存储器）中，并从 ROM 运行。

（2）引导程序查找并加载 Cisco IOS 软件。引导程序保存在 ROM 中，用于执行程序。随后引导程序负责查找每个 IOS 程序的存储位置，随后加载该文件。默认情况下，所有 Cisco 路由器都会首先从闪存中加载 IOS 软件。

提示：加载 IOS 的默认顺序是闪存、TFTP 服务器，然后是 ROM。

（3）IOS 软件将在 NVRAM 中查找有效的配置文件。此文件称为启动配置（startup-config），只有当管理员将运行配置文件复制到 NVRAM 中时才会产生。需要注意的是，新的 ISR 路由器（集成交换机路由器）中都预设了一个小型启动配置文件。

（4）如果在 NVRAM 中查找到启动配置文件，路由器会复制此文件到 RAM 中，并将它称为运行配置。路由器将使用这个文件运行路由器。路由器将进入正常运转状态。如果在 NVRAM 中没有查找到启动配置文件，路由器将在所有可进行 CD（carrier detect，载波检测）的接口发送广播，用以查找 TFTP 主机可使用的配置文件。如果没有找到，路由器将进入设置模式进行配置。

## 4.4 路由器的管理方式

路由器和交换机一样可以通过带内管理和带外管理两种方式实现对设备的配置,具体如下。

(1) 通过 Console 接口管理路由器(带外管理)。

(2) 通过 AUX 接口管理路由器(带外管理)。

(3) 通过 telnet 虚拟终端管理路由器(带内管理)。

(4) 通过安装有网络管理软件的网管工作站管理路由器(带内管理)。

其中,Console 接口管理路由器连接如图 4.9 所示。控制线一端连接路由器的 Console 接口,一端连接终端设备的串口。在终端中打开超级终端程序,实现对路由器软件系统的控制和访问。这种方式一般用于路由器初始化配置,当路由器接入网络后,就可以采用带内管理的方式,例如通过 telnet、基于 Web 的网络管理软件等方式实现配置管理。具体过程请参考交换机基本配置的实验内容。

Console port
(RJ-45)

RJ-45-to-DB-9 or
RJ-45-to-DB-25 adapter

图 4.9 Console 接口管理路由器

## 4.5 路由器的基本配置实验

### 1. setup 模式

路由器初始加电引导 IOS 完成启动后,会出现 Continue with configuration dialog? [yes/no]的提问,若输入 y 则进入以对话的方式进行基本配置的模式,显示信息如下。

```
        --- System Configuration Dialog ---
     Continue with configuration dialog? [yes/no]: y
    At any point you may enter a question mark '?' for help.
    Use ctrl-c to abort configuration dialog at any prompt.
        Default settings are in square brackets '[]'.
  Basic management setup configures only enough connectivity
    for management of the system, extended setup will ask you
        to configure each interface on the system
    Would you like to enter basic management setup? [yes/no]: y
```

```
Configuring global parameters:
    Enter host name [Router]: test
```

若输入 n 则进入下面所述的 CLI 命令行配置模式。在 CLI 命令行配置模式中,用户通过进入不同的操作模式获得不同的配置权限。

**2. 基本操作模式**

路由器和交换机类似,在不同的用户模式下拥有不同的配置权限,不同模式的切换方式和交换机类似。

(1)用户模式:router>。

路由器处于用户命令状态,这时用户可以查看路由器的连接状态,访问其他网络和主机,但不能查看和更改路由器的设置。

(2)特权模式:router#。

路由器处于特权命令状态,这时不但可以执行所有的用户命令,还可以查看和更改路由器的设置。

(3)全局配置模式:router(config)#。

路由器处于全局设置状态,可以设置路由器的全局参数。

(4)各种子模式。

接口配置子模式:router(config-if)#。

路由协议配置子模式:router(config-router)#。

路由器不同用户模式的切换方式如图 4.10 所示。

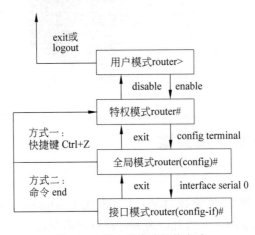

图 4.10 路由器模式切换方式

**3. 修改路由器的名称及路由器密码命令**

用于确保 Cisco 路由器安全的密码有 5 种:控制台密码、辅助端口密码、远程登录(VTY)密码、enable 密码和 enable secret 密码。enable 密码和 enable secret 密码用于控制用户进入特权模式,在用户执行 enable 命令时要求其提供密码。其他 3 种密码用于控制用户通过控制台端口、辅助端口和 telnet 进入用户模式。

在 Packet Tracer 仿真器中选择 2620 XM 路由器,进入 CLI 配置界面。修改路由器名为 cisconet,设置 enable password 为 cisconet;secret 为 cisconet;VTY password 为

cisconet。过程如下：

```
router> enable
router #configure terminal
router (config)#hostname cisconet
cisconet(config)#enable password cisconet
//设置 password(加粗为密码)
cisconet(config)#enable secret cisconet
//设置 secret password(加粗为密码)
cisconet(config)#line vty 0 4
cisconet(config-line)#login
//要求密码验证
cisconet(config-line)#password cisconet
//设置 VTY 密码(加粗为密码)
cisconet(config-line)#exit
//退出线路配置模式
cisconet(config)#service password-encryption
//对密码加密
```

### 4. 配置路由器以太口端口

路由器以太口默认是关闭的，为了使用以太口，需要给它配置 IP 地址和掩码，并打开该端口。本实验配置路由器的端口 IP 地址为 202.119.249.219，子网掩码为 255.255.255.0。并配置路由器提示信息为 welcome to cisconet ntu netlab，配置路由器接口 FastEthernet 0/0 提示信息为 this is s an ethernet port，并保存当前的配置。

路由器提示信息被称为"旗标"，配置旗标可以给任何试图通过远程登录本路由器的用户发出提示或者安全警告。一般可以创建一个旗标，向任何登录到路由器的人显示想告诉他的信息。MOTD(message of the day，每日消息)是最常用的旗标。它向任何拨号或通过 telnet、辅助端口甚至控制台端口连接路由器的人显示一条消息。

在 Packet Tracer 仿真器中选择 2620 XM 路由器，进入 CLI 配置界面。配置过程如下：

```
router>enable
router#configure terminal
router(config)#interface fastethernet 0/0
router (config-if)#ip address 202.119.249.219 255.255.255.0
//给以太网口 Fa0/0 配置 IP 地址，对于以太网接口来说，不需要指定二层接口协议，默认为以太网
//DIX2.0 封装
router (config-if)#description this is an ethernet port
router config-if)#no shutdown
router (config-if)exit
router (config)#banner motd "welcome to cisconet ntu netlab"
//设置登录提示信息，" "中为登录提示具体信息
router #copy running-config  startup-config
//对配置进行保存
router #show interfaces fastethernet 0/0
//显示接口配置状态
```

对于显示的接口配置信息,主要关心的是两个 up 和一个 Encapsulation。如图 4.11 所示,第一个是管理性的 up,第二个是二层链路协议的 up。如果接口没有物理线路连接,或者接口被管理员 shutdown,则第一个 up 处的状态为 administratively down。如果接口二层封装协议配置错误,或者与对端接口协议不匹配,或者与对端接口时钟频率不匹配,则第二个 up 处的状态为 down。只有这两处都为 up,该接口才能正常工作。

```
RouterA#show interfaces fastEthernet 0/0
FastEthernet0/0 is up, line protocol is up (connected)
  Hardware is Lance, address is 00d0.973e.ab01 (bia 00d0.973e.ab01)
  Internet address is 192.168.1.1/24
  MTU 1500 bytes, BW 100000 Kbit, DLY 100 usec,
     reliability 255/255, txload 1/255, rxload 1/255
  Encapsulation ARPA, loopback not set
  ARP type: ARPA, ARP Timeout 04:00:00,
................
RouterA#
```

图 4.11    显示接口配置状态

总结路由器以太网接口配置的关键步骤如下。

(1) 进入接口配置模式。

(2) 封装接口二层协议(可不配置,采用默认值)。

(3) 接口 IP 地址配置。

(4) 启用接口。

**5. 配置路由器串行端口**

在现实环境的 WAN 连接中,客户端设备(CPE)(通常是一台路由器)是数据终端设备(DTE)。该设备通过数据线路终端设备(DCE)连接服务提供商,DCE 一般是调制解调器或通道服务单元(CSU)/数据服务单元(DSU)。DCE 用于将来自 DTE 的数据转换成 WAN 服务提供商可接受的格式。

在本书的教学实验中,使用背对背连接的 DTE-DCE 电缆来模拟构成 WAN 连接的设备。整个线路使用两台路由器串行接口之间的连接进行模拟。请注意,与课堂实验中使用的电缆不同,真实环境中的串行电缆并不是直接地背对背连接,例如其中一台路由器可能在北京,而另一台路由器可能在上海。

如图 4.12 所示,路由器 R1 和 R2 模拟远程 WAN 连接,R1 的串行接口 S0/0/0 模拟 DCE 设备,R2 的串行接口 S0/0/0 模拟 DTE 设备,这两个端口构成同一网段,地址分配采用 192.68.2.0/24。

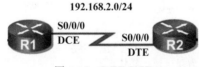

图 4.12    DTE-DCE

对 R1 的串行接口 S0/0/0 和 R2 的串行接口 S0/0/0 接口进行配置的过程类似以太口的配置过程,但因为实验中使用的路由器没有连接真实的租用线路,所以需要其中一台路由器为线路提供时钟信号。通常情况下,这应该由服务提供商提供。为了在实验中提供这种时钟信号,作为 DCE 的路由接口上执行 clock rate 64000 命令即可实现此功能。在 Packet Tracer 模拟器中串口连接线缆采用 Serial 线,有时钟符号端为 DCE。具体配置如下:

```
R1(config)#interface serial 0/0/0
R1(config-if)#encapsulation hdlc
//设定接口的二层封装协议为 HDLC,一般路由器同步串口默认封装
R1(config-if)#ip address 192.168.2.1 255.255.255.0
R1(config-if)#clock rate 64000
//DCE 端提供时钟信号
R1(config-if)#no shutdown
```

#### 6. 环回接口的使用和创建

环回(loopback)接口是路由器上的一个逻辑、虚拟接口。路由器上默认没有任何环回接口,但可以创建,正常情况下路由器的接口不像交换机那么多,在做某些实验时,一些和路由器直连的网络终端设备(例如 PC),可以通过创建两个(环回)接口来模拟代替。环回接口在路由器上与物理接口被一样对待,可以给它们分配地址。对环回接口进行操作的命令与对其他接口进行操作时使用的命令完全一样。环回接口在实验测试的时候被使用广泛,因为该接口默认是启用的,除非用 shutdown 命令关闭,具体命令如下:

```
router #configure terminal
//进入全局配置模式
router (config)#interface loopback 0
//创建 loopback 0 并进入接口配置模式
router (config-if)#ip address 172.16.1.1 255.255.255.0
//给环回口分配 IP 地址
router (config-if)#end
router #show interface loopback 0
//查看环回口信息
router #configure terminal
router (config)#no interface loopback 0
//删除环回口
```

## 4.6　综合配置实验

注意,若实验过程中选用的路由器类型不同,添加的串口模块也不相同,会导致读者在模拟器中看到的路由器端口号可能和图中不一致,对应的接口地址分配表(如表 4.1 所示)也会不一致。读者可以按照自己在模拟器中实际所用路由器端口号和对应地址进行配置,不影响学习过程。

#### 步骤 1

在模拟器中按图 4.13 所示的拓扑图完成设备选择和线缆连接,注意 PC2 和路由器直连采用交叉线。

表 4.1　接口地址分配表

| 设 备 名 称 | 接　　口 | IP　地　址 | 子 网 掩 码 | 默 认 网 关 |
|---|---|---|---|---|
| PC1 | 网卡 | 192.168.1.10 | 255.255.255.0 | 192.168.1.1 |
| PC2 | 网卡 | 192.168.3.10 | 255.255.255.0 | 192.168.3.1 |
| R1 | Fa0/0 | 192.168.1.1 | 255.255.255.0 | 无 |
| | S1/0 | 192.168.2.1 | 255.255.255.0 | 无 |
| R2 | Fa0/0 | 192.168.3.1 | 255.255.255.0 | 无 |
| | S1/0 | 192.168.2.2 | 255.255.255.0 | 无 |

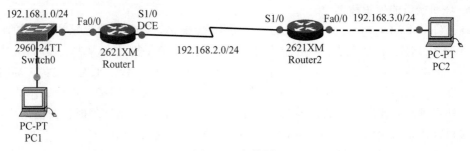

图 4.13　拓扑图

**步骤 2**

清除配置并重新加载路由器。

(1) 在模拟器中的 CLI 界面直接进行路由器配置,进入 R1 的特权模式,命令如下:

```
Router>enable
Router#
```

(2) 清除配置,命令如下:

```
Router#erase startup-config
Erasing the nvram filesystem will remove all files!Continue? [confirm]
[OK]
Erase of nvram:complete
Router#
```

(3) 重新加载配置,命令如下:

```
Router#reload
```

路由器完成重启动过程后,选择不使用 setup 模式,而是进入交互式的 CLI 功能。

**步骤 3**

对路由器基本配置。

(1) 输入错误的命令并观察路由器的响应,命令如下:

```
Router>enable
Router#comfigure terminal
```

```
^
%Invalid input detected at '^' marker.
Router#
```

命令行错误主要是输入错误。如果输入错误的命令关键字,用户界面将使用错误指示符(^)指示错误。^出现在输入的命令、关键字或参数字符串中出错的地方或附近。

（2）将路由器名称配置为 R1,命令如下:

```
Router(config)#hostname R1
R1(config)#
```

使用 no ip domain-lookup 命令禁用 DNS 查找,结果如下:

```
R1(config)#no ip domain-lookup
R1(config)#
```

试分析禁用 DNS 查找的原因是什么。

（3）配置 enable secret 口令 ntdx,命令如下:

```
R1(config)#enable secret ntdx
R1(config)#
```

（4）清除 enable password,命令如下:

```
R1(config)#no enable password
R1(config)#
```

（5）配置控制台口令 xxxy,命令如下:

```
R1(config)#line console 0
R1(config-line)#password xxxy
R1(config-line)#login
R1(config-line)#exit
R1(config)#
```

（6）为虚拟终端线路配置口令 wlgcx,命令如下:

```
R1(config)#line vty 0 4
R1(config-line)#password wlgcx
R1(config-line)#login
R1(config-line)#exit
R1(config)#
```

（7）使用 IP 地址 192.168.1.1/24 配置 FastEthernet 0/0 接口,命令如下:

```
R1(config)#interface fastethernet 0/0
R1(config-if)#ip address 192.168.1.1 255.255.255.0
R1(config-if)#no shutdown
%LINK-5-CHANGED:Interface FastEthernet0/0, changed state to up
%LINEPROTO-5-UPDOWN:Line protocol on Interface FastEthernet0/0, changed
state to up
```

```
R1(config-if)#
```

（8）使用 description 命令为此接口设定描述，结果如下：

```
R1(config-if)#description R1 LAN
R1(config-if)#
```

（9）使用 IP 地址 192.168.2.1/24 配置 Serial 1/0 接口。因其为 DCE 端口，将时钟频率设置为 64000，结果如下：

```
R1(config-if)#interface serial 1/0
R1(config-if)#ip address 192.168.2.1 255.255.255.0
R1(config-if)#clock rate 64000
R1(config-if)#no shutdown
R1(config-if)#
```

（10）使用 description 命令为此接口设定描述，结果如下：

```
R1(config-if)#description Link to R2
R1(config-if)#
```

（11）使用 end 命令返回特权模式，保存配置，结果如下：

```
R1(config-if)#end
R1#copy running-config startup-config
Building configuration...
[OK]
R1#
```

（12）对 R2 进行类似配置，使用 IP 地址 192.168.2.2/24 配置 Serial 1/0 接口，不需设置时钟，使用 description Link to R1 描述该端口。使用 description 命令描述 FastEthernet 0/0 接口为 description R2 LAN，配置地址为 192.168.3.1/24。

（13）在仿真环境中配置终端 PC 地址，具体操作过程参考交换机基本配置实验。

（14）对 R2 执行 show running-config 命令和 show startup-config 命令，出现什么问题，该如何解决？

（15）在 R1 中执行 show ip interface brief 命令，结果如下：

```
R1#show ip interface brief
Interface        IP-Address      OK?    Method Status                P rotocol
FastEthernet0/0  192.168.1.1     YES    manual up                    up
FastEthernet0/1  unassigned      YES    manual administratively down down
Serial1/0        192.168.2.1     YES    manual up                    up
Serial1/1        unassigned      YES    manual administratively down down
Vlan1            unassigned      YES    manual administratively down down
```

show ip interface brief 命令显示每个接口的使用情况信息摘要，分析以上输出内容，记录下结论。

（16）使用 ping 命令测试 R1 路由器和 PC1 之间的连通性，结果如下：

```
R1#ping 192.168.1.10
Type escape sequence to abort.
Sending 5, 100-byte ICMP Echos to 192.168.1.10, timeout is 2 seconds:
.!!!!
Success rate is 80 percent (4/5), round-trip min/avg/max = 72/79/91 ms
```

一个感叹号(!)表明得到了一个成功的回应。一个句点(.)表明路由器上的应用程序在指定时间内没有收到来自目标的应答数据包。第　个 ping 数据包失败是因为路由器尚没有到达 IP 数据包目的地址的 ARP 表项。由于没有 ARP 表项，所以该数据包被丢弃。路由器随后发送 ARP 请求，接收响应，并将 MAC 地址添加到 ARP 表中。这样当下一个 ping 数据包到来时，便能得以成功转发。

重复从 R1 到 PC1 的 ping，命令如下：

```
R1#ping 192.168.1.10
Type escape sequence to abort.
Sending 5, 100-byte ICMP Echos to 192.168.1.10, timeout is 2 seconds:
!!!!!
Success rate is 100 percent (5/5), round-trip min/avg/max = 72/83/93 ms
R1#
```

这次所有的 ping 都成功了，因为现在路由器的 ARP 表中已经有到达目的 IP 地址的条目。

（17）使用 traceroute 命令。

traceroute 命令是一种非常出色的实用工具，它能够跟踪数据包在路由器组成的网间环境中的传输路径，从而帮助找出故障链路和传输路径上发生故障的路由器。traceroute 命令使用 ICMP，以及路由器在数据包超过其生存时间（TTL）时产生的错误消息。该命令既可以在用户模式下执行，也可以在特权模式下执行。该命令的 Windows 版本是 tracert，该命令的格式为"traceroute＋目标 IP 地址"，其使用方法如下：

```
R1#traceroute 192.168.1.10
Type escape sequence to abort.
Tracing the route to 192.168.1.10
1   192.168.1.10    103 msec    81 msec    70 msec
R1#
```

在执行 traceroute 192.168.1.10 后，其输出表明，从本机到达目的地 192.168.1.10 只需要经过一跳。

# 实验 5   静 态 路 由

## 5.1   实验目标

（1）理解路由选择原理。

（2）掌握静态路由配置的方法。

## 5.2   实验背景

路由选择是路由器将分组从一个网络搬运到另一个网络的过程，而路由表是路由器工作的核心。路由器采用静态路由和动态路由来生成路由表。对于一般的小微企业，网络结构和配置一般长期固定，采用静态路由可以减少路由器的负担，提高效率。

## 5.3   技术原理

### 5.3.1   路由与路由表

路由选择是指将分组从一台设备发往不同网络上的另一台设备的操作。当一台主机要发送数据包给同一网络中的另一台主机时，它直接把数据包送到网络上，这时候不需要进行路由选择；而要送给不同 IP 地址的网络中的主机时，将选择一个能到达目的网络的路由器或默认网关（default gateway），由它负责把数据包送到目的地。路由器转发数据包时，只根据目的 IP 地址的网络部分查找路由表，选择合适的接口，将数据包发送出去。如果路由器的接口所连接的就是目的网络，则直接通过接口把包送到目的网络；否则，将选择其他邻居路由器。通过不断地转发，数据包最终将被送到目的地，送不到目的地的则被丢弃。当路由器收到一个包中的目的网络没有在路由表中列出时，它并不广播该数据包寻找目的网络，而是直接丢弃。

路由表是路由器工作的核心，主要包含所知道的目的网络和下一跳的关联信息，这些信息可以告诉路由器如何以最佳的方式到达某一目的地。路由器通常采用以下 3 种途径构建路由表。

（1）直连网络：就是直接连到路由器某一接口的网络，当这个接口处于活动状态，路由器将自动添加和自己直连的网络到路由表中。

（2）静态路由：通过网络管理员手工配置添加到路由器表中的固定路由，路由明确地指定了数据包到达目的地必须经过的路径，除非网络管理员干预，否则静态路由不会发生变化。

（3）动态路由：通过路由协议自动学习来构建路由表。

　　在路由表中,最重要的两个概念是管理距离和度量值。

**1. 管理距离**

　　管理距离(administrative distance,AD)表明了路由来源的可信度。可信度的范围是0~255,它表示一个路由来源的可信值,该值越小,可信度越高。0 为最信任,255 为最不信任。每种路由来源按可靠性从高到低依次分配一个信任等级,这个信任等级就叫管理距离。直连路由管理距离最小,默认管理距离为 0,也就意味着直连路由的可信度最高。其次为静态路由,默认管理距离为 1。表 5.1 列举了常见的路由来源的管理距离。

表 5.1　常见路由来源的管理距离

| 路 由 来 源 | 管 理 距 离 | 路 由 来 源 | 管 理 距 离 |
|:---:|:---:|:---:|:---:|
| 直连 | 0 | OSPF | 110 |
| 静态 | 1 | RIP | 120 |
| EIGRP | 90 | EGP | 140 |
| IGRP | 100 | 未知 | 255 |

**2. 度量值**

　　度量值(metric)是指路由协议用来计算到达目的网络的开销值。对同一种路由协议,若有多条路径通往同一目的网络时,路由协议使用度量值来选择最佳路径。度量值越低,路由越优先。每一种路由协议都有自己的度量方法,常用的计算度量的参数如下。

　　(1) 跳数:数据包经过的路由器台数。

　　(2) 带宽:链路的数据负载能力。

　　(3) 负载:特定链路的数据承载能力。

　　(4) 延迟:数据包从源端到达目的端需要的时间。

　　(5) 可靠性:通过以往链路的故障估计出现链路故障的可能性。

　　(6) 开销:不同的协议有不同的计算链路开销的方式,如 OSPF 中的开销是根据接口带宽计算的。

　　如图 5.1 所示的网络拓扑图,在路由器 RA 上执行 show ip route,就能显示图 5.2 所示的路由表。图 5.2(a)为路由来源的缩写解释;图 5.2(b)中路由表的结构一般由路由来源、目的网络地址/掩码、管理距离/代价、下一跳地址、路由更新时间、本地输出接口这几项构成。

## 5.3.2　静态路由的配置命令

　　静态路由的优点是占用资源少,可控性强,不需要动态路由更新,减少了对带宽的占用,简单易于配置。

　　静态路由的缺点是配置和维护耗费时间,容易出错。当网络拓扑发生变化时,需要管理员维护变化的路由表,不适合大规模变化的网络。

　　所以静态路由适合在小规模固定网络中实施,配置命令如下:

```
ip route [dest - network] [mask] [next - hop address][administrativedistance]
[permanent]
```

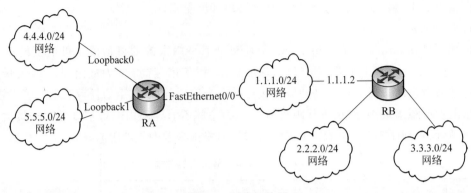

图 5.1 网络拓扑图

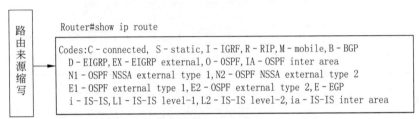

(a) 路由来源的缩写解释

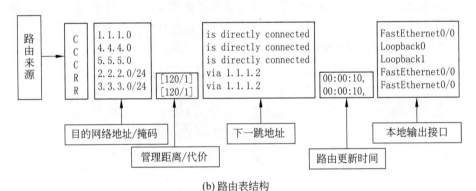

(b) 路由表结构

图 5.2 路由表

或

```
ip route [dest - network] [mask] [exit interface] [administrativedistance]
[permanent]
```

参数的说明如下。

（1）ip route：创建静态路由。

（2）dest-network：目的网络。

（3）mask：目的网络的子网掩码。

（4）next-hop address：到达目的网络所经过的下一跳的地址。

（5）exit interface：到达目的网络的发送接口（本路由器的出口）。

（6）administrative distance：管理距离。默认情况下静态路由的管理距离是 1，如果用

exit interface 代替 next-hop address,则管理距离是 0。

（7）permanent：如果接口被 shutdown 或者路由器不能和下一跳路由器通信,这条路由线路将自动从路由表中被删除。使用这个参数保证即使出现上述情况,这条路由仍然保持在路由表中。

静态路由命令格式可简单表示为如下两种形式。

（1）ip route＋目的网络地址＋子网掩码＋下一跳路由器 IP 地址＋管理距离。

（2）ip route＋目的网络地址＋子网掩码＋本路由器输出接口＋管理距离。

## 5.4　静态路由配置实验

实验首先根据拓扑图在模拟器中布线,然后执行初始路由器和 PC 配置。使用接口地址分配表中提供的 IP 地址为网络设备分配地址。完成基本配置之后,在路由器上配置静态路由,测试连通性。

**步骤 1：设备选择和线缆连接**

在模拟器中按图 5.3 所示的拓扑图完成设备选择（路由器为 2621XM）,并添加串口模块,完成线缆连接。注意,若实验过程中选用的路由器类型不同,添加的串口模块也不相同,会导致读者在模拟器中看到的路由器端口号可能与图中不一致,对应的接口地址分配表也会不一致。读者可以按照自己在模拟器中实际所用路由器端口号和对应地址进行配置,不影响学习过程。

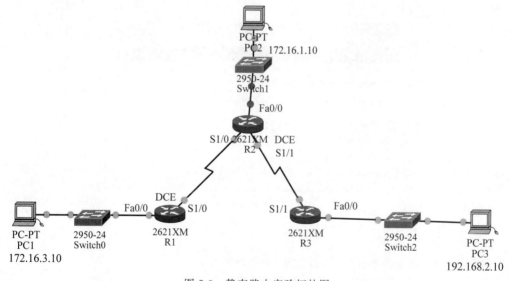

图 5.3　静态路由实验拓扑图

**步骤 2：清除配置,并重新加载、配置路由器和 PC**

（1）使用 erase startup-config 命令清除每台路由器上的配置,然后使用 reload 命令重新加载路由器。若提示是否保存更改,则输入 n。具体步骤参考 4.6 节的实验。

（2）进入每台路由器的全局配置模式,然后配置基本全局配置命令,包括配置 hostname 为 R1、R2、R3,并执行 no ip domain-lookup、enable secret 命令。具体步骤参考路由器基本配置实验。

（3）配置路由器各端口，分配 IP 地址，并激活接口，接口地址分配如表 5.2 所示。路由器的 DCE 端口时钟设置为 64000bps，具体步骤参考路由器基本配置实验。

表 5.2　接口地址分配表

| 设 备 名 称 | 接　口 | IP 地　址 | 子网掩码 | 默认网关 |
|---|---|---|---|---|
| PC1 | 网卡 | 172.16.3.10 | 255.255.255.0 | 172.16.3.1 |
| PC2 | 网卡 | 172.16.1.10 | 255.255.255.0 | 172.16.1.1 |
| PC3 | 网卡 | 192.168.2.10 | 255.255.255.0 | 192.168.2.1 |
| R1 | Fa0/0 | 172.16.3.1 | 255.255.255.0 | 无 |
| | S1/0 | 172.16.2.1 | 255.255.255.0 | 无 |
| R2 | Fa0/0 | 172.16.1.1 | 255.255.255.0 | 无 |
| | S1/0 | 172.16.2.2 | 255.255.255.0 | 无 |
| | S1/1 | 192.168.1.2 | 255.255.255.0 | 无 |
| R3 | Fa0/0 | 192.168.2.1 | 255.255.255.0 | 无 |
| | S1/1 | 192.168.1.1 | 255.255.255.0 | 无 |

（4）配置主机 PC 上的 IP 地址，地址分配见表 5.2。主机 PC1 的 IP 配置如图 5.4 所示。

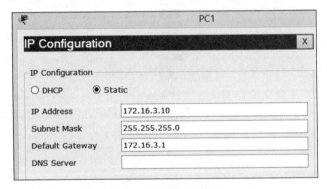

图 5.4　PC1 的 IP 配置

（5）测试并检验配置。

从每台主机 ping 其默认网关，以此来测试连通性。

（6）检查路由器接口的状态，命令如下：

```
R2#show ip interface brief
```

检查每台路由器上的相关接口是否都已激活（即处于 Status up 和 Protocol up 状态）。查看 R1 和 R3 上激活了多少个接口，思考为什么 R2 上激活了 3 个接口。

（7）查看所有 3 台路由器的路由表信息，命令如下：

```
R1#show ip route
```

```
R2#show ip route
R3#show ip route
```

根据图 5.2 中的路由表结构,对 3 台路由器的已知路由表进行分析,思考为什么并非所有网络都在这些路由器的路由表中,哪些目的网络已经存在于路由表中。

### 步骤 3:配置静态路由

从网络拓扑看,总共有 5 个逻辑网段,它们的分布情况如下。

(1) 路由器 R1 直连网段为 2 个,分别是 172.16.3.0/24、172.16.2.0/24。

(2) 路由器 R2 直连网段为 3 个,分别是 172.16.1.0/24、172.16.2.0/24,192.168.1.0/24。

(3) 路由器 R3 直连网段为 2 个,分别是 192.168.1.0/24、192.168.2.0/24。

由于路由器对直连网段是直接投递的,不需要进一步路由,所以为路由器配置静态路由必须给出除了直连网段外所有到达其他网段的下一跳路由项。

因此,路由器 R1 需配置 3 个静态路由项,分别指出到达目的网络为 172.168.1.0/24、192.168.1.0/24、192.168.2.0/24 的下一跳。

路由器 R2 需配置 2 个静态路由项,分别指出到达目的网络为 172.168.3.0/24、192.168.2.0/24 的下一跳。

路由器 R3 需配置 3 个静态路由项,分别指出到达目的网络为 172.168.1.0/24、172.168.3.0/24、172.168.2.0/24 的下一跳。

具体配置如下。

(1) 在 R1 路由器上配置静态路由,命令如下:

```
R1(config)#ip route 172.16.1.0    255.255.255.0  172.16.2.2
R1(config)#ip route 192.168.1.0  255.255.255.0  172.16.2.2
R1(config)#ip route 192.168.2.0  255.255.255.0  172.16.2.2
```

(2) 在 R2 路由器上配置静态路由,命令如下:

```
R2(config)#ip route 172.16.3.0    255.255.255.0    172.16.2.1
R2(config)#ip route 192.168.2.0  255.255.255.0    192.168.1.1
```

(3) 在 R3 路由器上配置静态路由,命令如下:

```
R3(config)#ip route 172.16.1.0    255.255.255.0    192.168.1.2
R3(config)#ip route 172.16.2.0    255.255.255.0    192.168.1.2
R3(config)#ip route 172.16.3.0    255.255.255.0    192.168.1.2
```

### 步骤 4:验证路由表

对路由器 R1、R2、R3 使用 show ip route 命令查看路由表,记录每台路由器的路由表内容,并和步骤 2 第(7)步进行比较,思考多出的路由来源是什么。

### 步骤 5:默认路由配置

从以上配置可以发现,R1 静态路由的下一跳都是指向 172.16.2.2 的,因此可以采用默认路由进行简化配置。默认路由又称缺省路由(default route),是静态路由的一个特例,一般需要管理员手动配置管理,是指路由器收到数据包时查找对应路由表,当没有可供使用或匹配的路由选择信息时,或者下一跳都一致时,将使用默认路由为数据包指定路由,换句话说，也就是默认路由是所有 IP 数据包都可以匹配的路由条目。

默认路由采用全 0 作为目的网络地址来表示全部路由，默认路由的语法如下：

ip route 0.0.0.0 0.0.0.0 {next hop ip-address/exit-interface}

在 R1 上用 no ip route 命令删除 3 条静态路由，命令如下：

```
R1(config)#no ip route 172.16.1.0   255.255.255.0   172.16.2.2
R1(config)#no ip route 192.168.1.0   255.255.255.0   172.16.2.2
R1(config)#no ip route 192.168.2.0   255.255.255.0   172.16.2.2
```

替换默认路由，命令如下：

```
R1(config)#ip route 0.0.0.0   0.0.0.0   172.16.2.2
```

这 1 条路由就起到以上 3 条路由的作用。

同样可知，在 R3 上也可以采用默认路由配置，其配置命令是什么？

此时，R2 应该具有完整的路由表，其中表示路由来源的第一列中应该有 3 个 C(直连网段)和 2 个 S(静态路由项)。

**步骤 6：验证连通性**

使用 ping 检查主机 PC1、PC2 与 PC3 之间的连通性。

**拓展：**

根据图 5.5 所示的网络拓扑，如果在边界路由器 RA 上配置静态路由来提供从内部网络来的对 Internet 的访问请求，该如何实现？

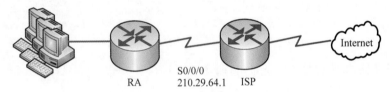

图 5.5　网络拓扑

# 实验 6　RIP 路 由

## 6.1　实验目标

（1）学会启动 RIP 路由进程。

（2）掌握 RIP 路由简单调试的方法。

## 6.2　实验背景

路由信息协议（routing information protocol，RIP）是应用较早、使用较普遍的内部网关协议，适用于小型同类网络，基于距离向量（vector-distance，V-D）算法，使用跳数来决定最佳路径。尽管 RIP 缺少许多更为高级的路由协议所具备的复杂功能，但因其简单性和使用的广泛性，使其具有持久的生命力。掌握 RIP 的规划、配置和调试，可以用于实现规模较小网络的动态路由。

## 6.3　技术原理

### 6.3.1　动态路由协议

Internet 由一系列的自治系统（autonomous system，AS）组成，各个自治系统之间由核心路由器相互连接。自治系统具有统一管理机构和路由策略，将全球互联网络分为更小的和更易管理的网络。每个自治系统一般是一个组织实体（例如公司、ISP 等）内部的网络与路由器的结合，拥有自己的规则策略集。

动态路由协议按作用的 AS 来划分，可以分为内部网关协议（interior gateway protocol，IGP）和外部网络协议（exterior gateway protocol，EGP）。内部网关协议被设计用于由一个组织控制或者管理的网络中；外部网络协议被设计用于两个不同组织所控制的网络之间。EGP 隔离了自治系统。内部网关协议常用的是 RIP、OSPF、EIGRP，外部网关协议常用的是 BGP。图 6.1 为 IGP 和 EGP 之间的关系。

动态路由协议中的"动态"一词，指的是该协议允许网络结构快速地更新和改变，路由器之间可以通过协作将路由更新的信息适时地发布给其他路由器，实现路由表的动态更新。动态路由协议根据所用路由选择算法不同可以分为距离矢量（distance vector）和链路状态（link state）。

（1）距离矢量路由通常按目的数据包经过的路由器的台数（跳数）判定最优路径。该算法定期地将拷贝的路由选择表从一台路由器发往另一台路由器，通过确定互联网络中任何一条链路的方向（矢量）和距离寻找最优路由。基于距离矢量路由选择算法的路由协议包括

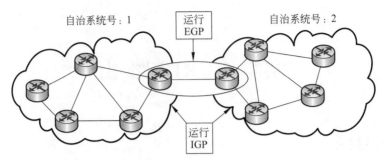

图 6.1 IGP 与 EGP

RIP、IGRP 等。

（2）链路状态路由选择协议的方法也被称为最短路径优先（SPF）。每台路由器收集整个自治系统网络的精确拓扑结构，根据完整的拓扑结构进行路由选择，判定最优路径。最优路径不是简单地根据跳数，而是使用如链路带宽、费用、可靠性等很多网络参数来综合计算代价，并通过 SPF 算法寻找最优路由。基于链路状态路由选择算法的路由协议包括 OSPF、IS-IS 等。

路由协议也可以按是否支持子网信息发布，分为有类路由和无类路由。

（1）有类路由协议：不支持子网划分，所以不需要在路由更新消息中发布和网络相关的子网掩码信息。典型的有类路由协议是 RIPv1 和 IGRP。

（2）无类路由协议：支持子网划分，所以必须在路由更新消息中携带子网掩码信息。典型的无类路由协议包括 RIPv2、EIGRP、OSPF、IS-IS 等。

### 6.3.2　RIP

RIP 有 v1 和 v2 两个版本。RIP 所传递路由信息都封装在 UDP 数据报中，所使用源端口和目的端口是 UDP 端口 520。在进行网络层 IP 地址封装时，源 IP 地址为发送 RIP 报文的路由器接口 IP 地址。但两个版本对目的 IP 地址的封装有一些区别，RIPv1 的目的 IP 地址为 255.255.255.255（有限广播），RIPv2 的目的 IP 地址为组播地址 224.0.0.9。RIPv1 不支持子网路由，而 RIPv2 支持子网路由。

RIPv1 报文封装结构如图 6.2 所示。

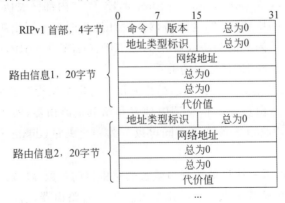

图 6.2　RIPv1 报文封装结构

RIPv2 报文封装结构如图 6.3 所示。

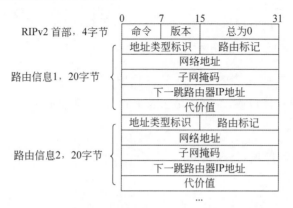

图 6.3  RIPv2 报文封装结构

RIP 的工作原理：路由器启用 RIP 后，将通过接口以广播的形式向邻居发送请求，请求邻居给自己发送完整的路由表。邻居路由器收到请求后发送自己目前所知的路由表进行响应。接收到该响应的路由器依据度量的大小（一般为跳数）来判断路由的好坏，把度量最小的一条路由放入路由表，判断过程如下。

（1）查看路由表中是否已有到该目的网络的路由。

（2）如果没找到，则添加该路由。

（3）如果找到，只有在新度量更小或者该目的路由为同一发布者的不同信息时，才更新路由，否则忽略。

之后两台路由器开始周期发送并更新路由表。当检测到路由变化时，向邻居发送触发更新，通知路由变化。

RIP 的特点如下。

（1）RIP 是距离向量路由协议，管理距离为 120。

（2）RIP 以到目的网络的最少跳数作为路由选择度量标准。RIP 的跳数计数限制为 15 跳，16 跳即表示不可达，这说明 RIP 限制于规模比较小的网络。

（3）RIPv1 是有类路由协议，不支持 VLSM，不支持不连续子网规划；而 RIPv2 是无类路由协议，支持 VLSM，支持不连续子网规划。

（4）运行 RIP 的路由器都将以周期性的时间间隔，把自己完整的路由表作为路由更新消息发送给所有的邻居路由器，默认更新周期时间为 30s。

（5）RIP 的收敛时间较长，收敛速度慢。

### 6.3.3  RIP 相关命令

（1）启动 RIP 进程，命令如下：

```
router(config)#router rip
```

（2）配置 RIP 版本，命令如下：

```
router(config-router)#version 1/2
```

（3）在版本 2 中关闭自动汇总，命令如下：

```
router (config-router)#no auto-summary
```

（4）宣告本地直连的主类网络号，命令如下：

```
router (config-router)#network network-id
```

（5）查看 RIP 通过接口收、发路由请求及更新信息，命令如下：

```
router(config)#debug ip rip
```

（6）查看有关路由过程，命令如下：

```
router #show ip protocols
```

# 6.4 RIPv1 路由配置实验

实验首先根据拓扑图在模拟器中布线，然后执行初始路由器和 PC 的配置。使用表 6.1 所示的接口地址分配表中提供的 IP 地址为网络设备分配地址。完成基本配置之后，在路由器上配置 RIP 路由，检查路由协议并测试连通性。

表 6.1 接口地址分配

| 设 备 名 称 | 接　　口 | IP 地 址 | 子 网 掩 码 | 默 认 网 关 |
|---|---|---|---|---|
| PC1 | 网卡 | 192.168.1.10 | 255.255.255.0 | 192.168.1.1 |
| PC2 | 网卡 | 192.168.3.10 | 255.255.255.0 | 192.168.3.1 |
| PC3 | 网卡 | 192.168.5.10 | 255.255.255.0 | 192.168.5.1 |
| R1 | Fa0/0 | 192.168.1.1 | 255.255.255.0 | 无 |
| | S1/0 | 192.168.2.1 | 255.255.255.0 | 无 |
| R2 | Fa0/0 | 192.168.3.1 | 255.255.255.0 | 无 |
| | S1/0 | 192.168.2.2 | 255.255.255.0 | 无 |
| | S1/1 | 192.168.4.2 | 255.255.255.0 | 无 |
| R3 | Fa0/0 | 192.168.5.1 | 255.255.255.0 | 无 |
| | S1/1 | 192.168.4.1 | 255.255.255.0 | 无 |

**步骤 1：设备选择和线缆连接**

在模拟器中按图 6.4 所示的拓扑图完成设备选择（路由器为 2621XM），并添加串口模块，完成线缆连接。注意，因实验过程中选用的路由器类型不同，添加的串口模块也不相同，导致读者在模拟器中看到的路由器端口号可能和图中不一致，对应接口地址分配表也会不一致。读者可以按照自己在模拟器中实际所用的路由器端口号和对应地址进行配置，不影响学习过程。

**步骤 2：清除配置并重新加载、配置路由器和 PC**

（1）使用 erase startup-config 命令清除每台路由器上的配置，然后使用 reload 命令重

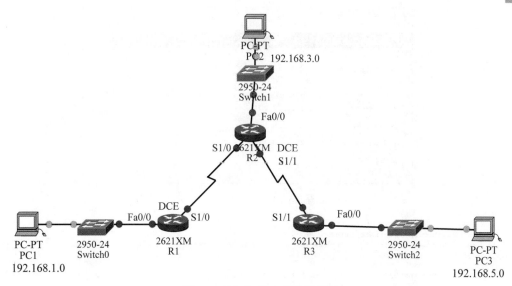

图 6.4　RIPv1 路由实验拓扑图

新加载路由器。若提示是否保存更改,则输入 n。具体步骤参考路由器基本配置实验的基本综合实验。

(2) 配置路由器 R1、R2、R3 主机名,按表 6.1 分配各接口 IP 地址,并激活接口。路由器的串口作 DCE 端口时,时钟设置为 64000 bps,以下为路由器 R1 的接口配置:

```
Router>ena
Router#conf t
Enter configuration commands, one per line.  End with CNTL/Z.
Router(config)#hostname R1
R1(config)#interface fastEthernet 0/0
R1(config-if)#ip address 192.168.1.1 255.255.255.0
R1(config-if)#no shutdown
R1(config-if)#exit
R1(config)#interface serial 1/0
R1(config-if)#ip address 192.168.2.1 255.255.255.0
R1(config-if)#clock rate 64000
R1(config-if)#no shutdown
%LINK-5-CHANGED: Interface Serial1/0, changed state to down
```

(3) 按表 6.1 配置各主机 IP 地址,主机 PC1 的 IP 配置如图 6.5 所示。

(4) 测试并检验配置。

从每台主机 ping 其默认网关,以此来测试连通性。

(5) 检查路由器接口的状态,如图 6.6 所示。

图 6.6 显示 FastEthernet0/0 和 Serial1/0 均处于 Status up 和 Protocol up 状态,说明这两个接口都已激活并正常工作。

检查 R2 和 R3 路由器上的相关接口状态。

(6) 查看所有 3 台路由器的路由表信息,R1 初始路由表如图 6.7 所示。

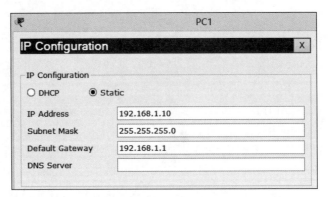

图 6.5　PC1 的 IP 配置

```
R1#show ip interface brief
Interface          IP-Address    OK? Method Status               Protocol

FastEthernet0/0    192.168.1.1   YES manual up                   up

FastEthernet0/1    unassigned    YES unset  administratively down down

Serial1/0          192.168.2.1   YES manual up                   up

Serial1/1          unassigned    YES unset  administratively down down

Serial1/2          unassigned    YES unset  administratively down down

Serial1/3          unassigned    YES unset  administratively down down
R1#
```

图 6.6　路由器接口状态

```
R1#show ip route
Codes: C - connected, S - static, I - IGRP, R - RIP, M - mobile, B - BGP
       D - EIGRP, EX - EIGRP external, O - OSPF, IA - OSPF inter area
       N1 - OSPF NSSA external type 1, N2 - OSPF NSSA external type 2
       E1 - OSPF external type 1, E2 - OSPF external type 2, E - EGP
       i - IS-IS, L1 - IS-IS level-1, L2 - IS-IS level-2, ia - IS-IS inter area
       * - candidate default, U - per-user static route, o - ODR
       P - periodic downloaded static route

Gateway of last resort is not set

C    192.168.1.0/24 is directly connected, FastEthernet0/0
C    192.168.2.0/24 is directly connected, Serial1/0
R1#
```

图 6.7　R1 初始路由表信息

根据前面描述的路由表结构对 3 台路由器的初始路由表进行分析,哪些目的网络已经存在于路由表中? 思考为什么并非所有网络都在这些路由器的路由表中。

(7) 完成以上操作后,将初始化运行配置保存到路由器的 NVRAM 中。

**步骤 3:配置 RIP 路由**

(1) 启用动态路由。

要启用动态路由协议,进入全局配置模式并使用 router 命令。在全局配置提示符处输入"router?"可查看路由器上可用路由协议的列表。要启用 RIP,请在全局配置模式下输入命令 router rip。

```
R1(config)#router rip
```

```
R1(config-router)#
```

（2）输入有类网络地址。

进入路由协议配置模式，使用 network 命令输入每个直连网络的有类网络地址，network 命令的作用如下。

① 对属于该网络的所有接口启用 RIP。这些接口将开始发送和接收 RIP 更新。

② 在每 30s 一次的 RIP 路由更新中向其他路由器通告该网络。

结果如下：

```
R1(config-router)#network 192.168.1.0
R1(config-router)#network 192.168.2.0
R1(config-router)#
```

完成 RIP 配置后，返回特权模式并保存当前配置，命令如下：

```
R1(config-router)#end
%SYS-5-CONFIG_I:Configured from console by console
R1#copy run start
```

按照步骤 3 的（1）和（2）完成 R2 和 R3 路由器上的 RIP 配置。

**步骤 4：验证路由表**

（1）使用 show ip route 命令检验是否每台路由器的路由表中都包含拓扑图中的所有网络，结果如图 6.8～图 6.10 所示。

```
R1#show ip route
Codes: C - connected, S - static, I - IGRP, R - RIP, M - mobile, B - BGP
       D - EIGRP, EX - EIGRP external, O - OSPF, IA - OSPF inter area
       N1 - OSPF NSSA external type 1, N2 - OSPF NSSA external type 2
       E1 - OSPF external type 1, E2 - OSPF external type 2, E - EGP
       i - IS-IS, L1 - IS-IS level-1, L2 - IS-IS level-2, ia - IS-IS inter area
       * - candidate default, U - per-user static route, o - ODR
       P - periodic downloaded static route

Gateway of last resort is not set

C    192.168.1.0/24 is directly connected, FastEthernet0/0
C    192.168.2.0/24 is directly connected, Serial1/0
R    192.168.3.0/24 [120/1] via 192.168.2.2, 00:00:06, Serial1/0
R    192.168.4.0/24 [120/1] via 192.168.2.2, 00:00:06, Serial1/0
R    192.168.5.0/24 [120/2] via 192.168.2.2, 00:00:06, Serial1/0
```

图 6.8　R1 路由表 1

```
R2#show ip route
Codes: C - connected, S - static, I - IGRP, R - RIP, M - mobile, B - BGP
       D - EIGRP, EX - EIGRP external, O - OSPF, IA - OSPF inter area
       N1 - OSPF NSSA external type 1, N2 - OSPF NSSA external type 2
       E1 - OSPF external type 1, E2 - OSPF external type 2, E - EGP
       i - IS-IS, L1 - IS-IS level-1, L2 - IS-IS level-2, ia - IS-IS inter area
       * - candidate default, U - per-user static route, o - ODR
       P - periodic downloaded static route

Gateway of last resort is not set

R    192.168.1.0/24 [120/1] via 192.168.2.1, 00:00:12, Serial1/0
C    192.168.2.0/24 is directly connected, Serial1/0
C    192.168.3.0/24 is directly connected, FastEthernet0/0
C    192.168.4.0/24 is directly connected, Serial1/1
R    192.168.5.0/24 [120/1] via 192.168.4.1, 00:00:09, Serial1/1
 R2#
```

图 6.9　R2 路由表 1

```
R3#show ip route
Codes: C - connected, S - static, I - IGRP, R - RIP, M - mobile, B - BGP
       D - EIGRP, EX - EIGRP external, O - OSPF, IA - OSPF inter area
       N1 - OSPF NSSA external type 1, N2 - OSPF NSSA external type 2
       E1 - OSPF external type 1, E2 - OSPF external type 2, E - EGP
       i - IS-IS, L1 - IS-IS level-1, L2 - IS-IS level-2, ia - IS-IS inter area
       * - candidate default, U - per-user static route, o - ODR
       P - periodic downloaded static route

Gateway of last resort is not set

R    192.168.1.0/24 [120/2] via 192.168.4.2, 00:00:09, Serial1/1
R    192.168.2.0/24 [120/1] via 192.168.4.2, 00:00:09, Serial1/1
R    192.168.3.0/24 [120/1] via 192.168.4.2, 00:00:09, Serial1/1
C    192.168.4.0/24 is directly connected, Serial1/1
C    192.168.5.0/24 is directly connected, FastEthernet0/0
R3#
```

图 6.10　R3 路由表 1

在路由表中标记有代码 R 的路由项为 RIP 所学习获知的路由。

（2）掌握 show ip protocols 命令查看有关路由过程的信息。

show ip protocols 命令可用来查看路由器上正在进行的路由过程的信息。其输出可用于检验大多数 RIP 参数，从而确认是否已配置 RIP 路由、发送和接收 RIP 更新的接口是否正确、路由器通告的网络是否正确、RIP 邻居是否发送了更新等信息。

在 R1 中首先执行 show ip protocols 命令，结果如图 6.11 所示。

```
R1#show ip protocols
Routing Protocol is "rip"
Sending updates every 30 seconds, next due in 16 seconds
Invalid after 180 seconds, hold down 180, flushed after 240
Outgoing update filter list for all interfaces is not set
Incoming update filter list for all interfaces is not set
Redistributing: rip
Default version control: send version 1, receive any version
  Interface           Send  Recv  Triggered RIP  Key-chain
  FastEthernet0/0     1     2 1
  Serial1/0           1     2 1
Automatic network summarization is in effect
Maximum path: 4
Routing for Networks:
        192.168.1.0
        192.168.2.0
Passive Interface(s):
Routing Information Sources:
        Gateway         Distance      Last Update
        192.168.2.2     120           00:00:11
Distance: (default is 120)
...
```

图 6.11　R1 路由过程信息

从图 6.11 可知，R1 配置了 RIP。R1 正通过 FastEthernet0/0 和 Serial0/0/0 接口上发送和接收 RIP 更新。R1 正在通告网络 192.168.1.0 和 192.168.2.0。R2 正在向 R1 发送更新。

完成 R2 和 R3 的 show ip protocols 命令，查看有关路由过程的信息，并记录下来。

（3）掌握 debug ip rip 命令查看发送和接收的 RIP 消息。

① 在路由器 R1 上执行 debug ip rip 命令，如图 6.12 所示。因为 RIP 更新每 30s 发送一次，在实验过程中可能需要稍等片刻才能看到调试信息。

② 使用 undebug all 命令停止调试输出，结果如下。

R1# undebug all

All possible debugging has been turned off

```
R1#debug ip rip
RIP protocol debugging is on
R1#RIP: received v1 update from 192.168.2.2 on Serial1/0
        192.168.3.0 in 1 hops
        192.168.4.0 in 1 hops
        192.168.5.0 in 2 hops
RIP: sending  v1 update to 255.255.255.255 via FastEthernet0/0 (192.168.1.1)
RIP: build update entries
        network 192.168.2.0 metric 1
        network 192.168.3.0 metric 2
        network 192.168.4.0 metric 2
        network 192.168.5.0 metric 3
RIP: sending  v1 update to 255.255.255.255 via Serial1/0 (192.168.2.1)
RIP: build update entries
        network 192.168.1.0 metric 1
RIP: received v1 update from 192.168.2.2 on Serial1/0
        192.168.3.0 in 1 hops
        192.168.4.0 in 1 hops
        192.168.5.0 in 2 hops
```

图 6.12　debug ip rip 命令执行结果

在路由器 R2 和 R3 上执行 debug ip rip 命令,观察输出结果是否有输出或接收路由更新。

**注意**: RIPv1 是有类路由协议,有类路由协议不在路由更新中随网络发送子网掩码,当需要划分子网时,需采用 RIPv2。

## 6.5　RIPv2 路由配置实验

### 步骤 1: 在 R1 和 R3 上添加新网段

(1) 在 6.4 节实验的基础上,在路由器 R1 上添加 Lo0、Lo1、Lo2 口。Lo0 的地址为 172.30.1.1/24、Lo1 的地址为 172.30.2.1/24、Lo2 的地址为 172.30.3.1/24。

R1 的 Lo 口 IP 地址配置过程如下:

```
R1(config)#interface lo0
R1(config-if)#
%LINK-5-CHANGED: Interface Loopback0, changed state to up
%LINEPROTO-5-UPDOWN: Line protocol on Interface Loopback1, changed state to up
R1(config-if)#ip address 172.30.1.1 255.255.255.0
R1(config-if)#no shutdown
R1(config-if)#exit
```

检查接口状态,如图 6.13 所示。

从图 6.13 可知,路由器的 Lo0、Lo1、Lo2 口利用了 172.30.0.0/16 网段地址,进行了子网划分,3 个接口分别为 172.30.1.0/24、172.30.2.0/24、172.30.3.0/24 子网。

在 RIP 路由中添加这 3 个网段,命令如下:

```
R1(config)#router rip
R1(config-router)#network 172.30.1.0
R1(config-router)#network 172.30.2.0
R1(config-router)#network 172.30.3.0
```

(2) 按以上步骤为路由器 R3 添加 Lo0、Lo1 口,地址分别为 172.30.4.1/24、172.30.5.1/24,并在 RIP 路由中添加这 2 个网段,命令如下:

```
R1#show ip INterface br
Interface            IP-Address    OK? Method Status              Protocol

FastEthernet0/0      192.168.1.1   YES manual up                  up

FastEthernet0/1      unassigned    YES unset  administratively down down

Serial1/0            192.168.2.1   YES manual up                  up

Serial1/1            unassigned    YES unset  administratively down down

Serial1/2            unassigned    YES unset  administratively down down

Serial1/3            unassigned    YES unset  administratively down down

Loopback0            172.30.1.1    YES manual up                  up

Loopback1            172.30.2.1    YES manual up                  up

Loopback2            172.30.3.1    YES manual up                  up
```

图 6.13   Loopback 口配置

R3(config)#router rip

R3(config-router)#network 172.30.4.0

R3(config-router)#network 172.30.5.0

## 步骤 2：检查 R1、R2、R3 路由表

R1、R2、R3 的路由表分别如图 6.14～图 6.16 所示。

```
R1#show ip route
Codes: C - connected, S - static, I - IGRP, R - RIP, M - mobile, B - BGP
       D - EIGRP, EX - EIGRP external, O - OSPF, IA - OSPF inter area
       N1 - OSPF NSSA external type 1, N2 - OSPF NSSA external type 2
       E1 - OSPF external type 1, E2 - OSPF external type 2, E - EGP
       i - IS-IS, L1 - IS-IS level-1, L2 - IS-IS level-2, ia - IS-IS inter area
       * - candidate default, U - per-user static route, o - ODR
       P - periodic downloaded static route

Gateway of last resort is not set

     172.30.0.0/24 is subnetted, 3 subnets
C       172.30.1.0 is directly connected, Loopback0
C       172.30.2.0 is directly connected, Loopback1
C       172.30.3.0 is directly connected, Loopback2
C    192.168.1.0/24 is directly connected, FastEthernet0/0
C    192.168.2.0/24 is directly connected, Serial1/0
R    192.168.3.0/24 [120/1] via 192.168.2.2, 00:00:18, Serial1/0
R    192.168.4.0/24 [120/1] via 192.168.2.2, 00:00:18, Serial1/0
R    192.168.5.0/24 [120/2] via 192.168.2.2, 00:00:18, Serial1/0
```

图 6.14   R1 路由表 2

```
R2#show ip route
Codes: C - connected, S - static, I - IGRP, R - RIP, M - mobile, B - BGP
       D - EIGRP, EX - EIGRP external, O - OSPF, IA - OSPF inter area
       N1 - OSPF NSSA external type 1, N2 - OSPF NSSA external type 2
       E1 - OSPF external type 1, E2 - OSPF external type 2, E - EGP
       i - IS-IS, L1 - IS-IS level-1, L2 - IS-IS level-2, ia - IS-IS inter area
       * - candidate default, U - per-user static route, o - ODR
       P - periodic downloaded static route

Gateway of last resort is not set

R    172.30.0.0/16 [120/1] via 192.168.2.1, 00:00:12, Serial1/0
                    [120/1] via 192.168.4.1, 00:00:18, Serial1/1
R    192.168.1.0/24 [120/1] via 192.168.2.1, 00:00:12, Serial1/0
C    192.168.2.0/24 is directly connected, Serial1/0
C    192.168.3.0/24 is directly connected, FastEthernet0/0
C    192.168.4.0/24 is directly connected, Serial1/1
R    192.168.5.0/24 [120/1] via 192.168.4.1, 00:00:18, Serial1/1
```

图 6.15   R2 路由表 2

```
R3#show ip route
Codes: C - connected, S - static, I - IGRP, R - RIP, M - mobile, B - BGP
       D - EIGRP, EX - EIGRP external, O - OSPF, IA - OSPF inter area
       N1 - OSPF NSSA external type 1, N2 - OSPF NSSA external type 2
       E1 - OSPF external type 1, E2 - OSPF external type 2, E - EGP
       i - IS-IS, L1 - IS-IS level-1, L2 - IS-IS level-2, ia - IS-IS inter area
       * - candidate default, U - per-user static route, o - ODR
       P - periodic downloaded static route

Gateway of last resort is not set

     172.30.0.0/24 is subnetted, 2 subnets
C       172.30.4.0 is directly connected, Loopback0
C       172.30.5.0 is directly connected, Loopback1
R     192.168.1.0/24 [120/2] via 192.168.4.2, 00:00:18, Serial1/1
R     192.168.2.0/24 [120/1] via 192.168.4.2, 00:00:18, Serial1/1
R     192.168.3.0/24 [120/1] via 192.168.4.2, 00:00:18, Serial1/1
C     192.168.4.0/24 is directly connected, Serial1/1
C     192.168.5.0/24 is directly connected, FastEthernet0/0
```

图 6.16  R3 路由表 2

从以上 3 张图中可知,对于 R1,因为到 172.30.0.0/16 的路由直接相连,并且 R1 没有任何具体路由可到达 R3 上的 172.30.0.0 子网,所以无法正确转发目的地为 R3 LAN 的数据包。反之,R3 到 R1 也是如此,R3 不包含到 R1 的 172.30.0.0 子网的任何路由。

从 R2 的路由表里看出,R1 和 R3 都会通告 172.30.0.0/16 网络的路由,因此在 R2 的路由表中,该网络有两个条目。R2 的路由表只显示主要有类网络地址 172.30.0.0,而不会显示连接到 R1 和 R3 的 LAN 所使用的任何该网络子网。因为两个条目的路由度量相同,所以路由器在转发目的地为 172.30.0.0/16 网络的数据包时会交替使用这两条路由。

**步骤 3:配置 RIP 第 2 版**

使用 version 2 命令在每台路由器上启用 RIP 第 2 版,并禁止子网自动汇聚,结果如下:

```
R1(config)#router rip
R1(config-router)#version 2
R1(config-router)#no auto-summary
R2(config)#router rip
R2(config-router)#version 2
R2(config-router)#no auto-summary
R3(config)#router rip
R3(config-router)#version 2
R3(config-router)#no auto-summary
```

**步骤 4:检查 R1、R2、R3 路由表**

R1、R2、R3 的路由表分别如图 6.17~图 6.19 所示。

**步骤 5:检查连通性**

在 PC2 上,能否 ping 通 R1 的 3 个 Lo 口? 能否 ping 通 R2 的 2 个 Lo 口?

```
R1#show ip route
Codes: C - connected, S - static, I - IGRP, R - RIP, M - mobile, B - BGP
       D - EIGRP, EX - EIGRP external, O - OSPF, IA - OSPF inter area
       N1 - OSPF NSSA external type 1, N2 - OSPF NSSA external type 2
       E1 - OSPF external type 1, E2 - OSPF external type 2, E - EGP
       i - IS-IS, L1 - IS-IS level-1, L2 - IS-IS level-2, ia - IS-IS inter area
       * - candidate default, U - per-user static route, o - ODR
       P - periodic downloaded static route

Gateway of last resort is not set

     172.30.0.0/24 is subnetted, 5 subnets
C        172.30.1.0 is directly connected, Loopback0
C        172.30.2.0 is directly connected, Loopback1
C        172.30.3.0 is directly connected, Loopback2
R        172.30.4.0 [120/2] via 192.168.2.2, 00:00:23, Serial1/0
R        172.30.5.0 [120/2] via 192.168.2.2, 00:00:23, Serial1/0
C     192.168.1.0/24 is directly connected, FastEthernet0/0
C     192.168.2.0/24 is directly connected, Serial1/0
R     192.168.3.0/24 [120/1] via 192.168.2.2, 00:00:23, Serial1/0
R     192.168.4.0/24 [120/1] via 192.168.2.2, 00:00:23, Serial1/0
R     192.168.5.0/24 [120/2] via 192.168.2.2, 00:00:23, Serial1/0
```

图 6.17  R1 路由表 3

```
R2#show ip route
Codes: C - connected, S - static, I - IGRP, R - RIP, M - mobile, B - BGP
       D - EIGRP, EX - EIGRP external, O - OSPF, IA - OSPF inter area
       N1 - OSPF NSSA external type 1, N2 - OSPF NSSA external type 2
       E1 - OSPF external type 1, E2 - OSPF external type 2, E - EGP
       i - IS-IS, L1 - IS-IS level-1, L2 - IS-IS level-2, ia - IS-IS inter area
       * - candidate default, U - per-user static route, o - ODR
       P - periodic downloaded static route

Gateway of last resort is not set

     172.30.0.0/16 is variably subnetted, 6 subnets, 2 masks
R        172.30.0.0/16 is possibly down, routing via 192.168.2.1, Serial1/0
                        is possibly down, routing via 192.168.4.1, Serial1/1
R        172.30.1.0/24 [120/1] via 192.168.2.1, 00:00:19, Serial1/0
R        172.30.2.0/24 [120/1] via 192.168.2.1, 00:00:19, Serial1/0
R        172.30.3.0/24 [120/1] via 192.168.2.1, 00:00:19, Serial1/0
R        172.30.4.0/24 [120/1] via 192.168.4.1, 00:00:25, Serial1/1
R        172.30.5.0/24 [120/1] via 192.168.4.1, 00:00:25, Serial1/1
R     192.168.1.0/24 [120/1] via 192.168.2.1, 00:00:19, Serial1/0
C     192.168.2.0/24 is directly connected, Serial1/0
C     192.168.3.0/24 is directly connected, FastEthernet0/0
C     192.168.4.0/24 is directly connected, Serial1/1
R     192.168.5.0/24 [120/1] via 192.168.4.1, 00:00:25, Serial1/1
```

图 6.18  R2 路由表 3

```
R3#show ip route
Codes: C - connected, S - static, I - IGRP, R - RIP, M - mobile, B - BGP
       D - EIGRP, EX - EIGRP external, O - OSPF, IA - OSPF inter area
       N1 - OSPF NSSA external type 1, N2 - OSPF NSSA external type 2
       E1 - OSPF external type 1, E2 - OSPF external type 2, E - EGP
       i - IS-IS, L1 - IS-IS level-1, L2 - IS-IS level-2, ia - IS-IS inter area
       * - candidate default, U - per-user static route, o - ODR
       P - periodic downloaded static route

Gateway of last resort is not set

     172.30.0.0/24 is subnetted, 5 subnets
R        172.30.1.0 [120/2] via 192.168.4.2, 00:00:11, Serial1/1
R        172.30.2.0 [120/2] via 192.168.4.2, 00:00:11, Serial1/1
R        172.30.3.0 [120/2] via 192.168.4.2, 00:00:11, Serial1/1
C        172.30.4.0 is directly connected, Loopback0
C        172.30.5.0 is directly connected, Loopback1
R     192.168.1.0/24 [120/2] via 192.168.4.2, 00:00:11, Serial1/1
R     192.168.2.0/24 [120/1] via 192.168.4.2, 00:00:11, Serial1/1
R     192.168.3.0/24 [120/1] via 192.168.4.2, 00:00:11, Serial1/1
C     192.168.4.0/24 is directly connected, Serial1/1
C     192.168.5.0/24 is directly connected, FastEthernet0/0
```

图 6.19  R3 路由表 3

# 实验 7　OSPF 协议路由

## 7.1　实验目标

（1）学会启动 OSPF 协议路由进程。

（2）掌握 OSPF 协议路由简单调试的方法。

## 7.2　实验背景

开放最短路径优先（open shortest path first，OSPF）是一个开放标准的路由选择协议，包括 Cisco 和华为在内的网络开发商均在自己的网络设备中支持该协议。如果所管理的网络中拥有多种路由器，并且不都是 Cisco 公司的，那就不能选用 EIGRP，那还可以有什么样的选择呢？基本上剩下的选项只有 RIPv1、RIPv2 和 OSPF 了。如果所管理的又是一个大网络，那么，真正可行的选择就只能是 OSPF 协议。

## 7.3　技术原理

### 7.3.1　OSPF 路由协议

OSPF 是 IETF 组织开发的一个基于链路状态的内部网关协议。目前针对 IPv4 协议使用的是 OSPFversion 2（RFC2328）。OSPF 协议开发历程如图 7.1 所示。

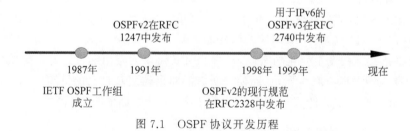

图 7.1　OSPF 协议开发历程

OSPF 协议具有如下特点。

（1）适应范围广：支持各种规模的网络，最多可支持几百台路由器。

（2）快速收敛：在网络的拓扑结构发生变化后立即发送更新报文，使这一变化在自治系统中同步。

（3）无自环：由于 OSPF 协议根据收集到的链路状态用最短路径树算法计算路由，从算法本身保证了不会生成自环路由。

（4）区域划分：允许自治系统的网络被划分成区域来管理，区域间传送的路由信息被进一步抽象,从而减少了占用的网络带宽。

(5) 等价路由:支持到同一目的地址的多条等价路由。

(6) 路由分级:使用 4 类不同的路由,按优先顺序来说分别为区域内路由、区域间路由、第一类外部路由、第二类外部路由。

(7) 支持验证:支持基于接口的报文验证,以保证报文交互的安全性。

(8) 组播发送:在某些类型的链路上以组播地址发送协议报文,减少对其他设备的干扰。

OSPF 协议和 RIP 建立路由表时在发送对象、发送内容和发送时间上具有非常大的区别:

(1) 运行 OSPF 协议的路由器通过泛洪法向本自治系统中同一区域所有路由器发送链路状态信息,而 RIP 只发送给自己的邻居路由器。

(2) OSPF 协议发送的链路状态信息是和本路由器相邻的所有路由器的链路状态信息,所以 OSPF 被称为链路状态路由协议,而 RIP 是距离矢量路由协议。

(3) OSPF 协议是只有链路状态发生变化时才发送信息,而 RIP 是周期性发送。

OSPF 协议生成路由表的基本过程如下。

(1) 运行 OSPF 协议的路由器彼此广播其所在网络区域上各路由器的连接状态信息,即链路状态信息,从而生成链路状态数据库(LSDB),LSDB 存储了该区域上所有路由器的链路状态信息,路由器通过 LSDB 了解了整个网络的拓扑状况。

(2) OSPF 协议路由器针对整个网络的拓扑状况利用 SPF 算法,独立地计算出到达任意网络的最佳路由。SPF 算法有时也被称为 Dijkstra 算法,这是因为最短路径优先算法是 Dijkstra 发明的。SPF 算法将每一台路由器作为根(root)来计算其到每一台目的地路由器的距离,每一台路由器根据统一 LSDB 计算出路由自治域拓扑结构图,该结构图类似于一棵树,在 SPF 算法中,被称为最短路径树。在 OSPF 路由协议中,最短路径树的树干长度,即 OSPF 协议路由器至每一台目的地路由器的距离,称为 OSPF 协议的代价(cost),OSPF 协议代价的计算公式是 $10^8$ 除以链路带宽。在这里,链路带宽以 bps 来表示。也就是说,OSPF 协议的 cost 与链路的带宽成反比,带宽越高,cost 越小,表示 OSPF 协议到目的地的距离越近。举例来说,FDDI 或快速以太网的 cost 为 1;2M 串行链路的 cost 为 48;10M 以太网的 cost 为 10 等。

(3) 网络拓扑结构发生变化的时候,运行 OSPF 协议的路由器迅速发出链路状态信息,通知网络中同区域的所有路由器,从而使得所有的路由器更新自己的链路状态数据库,每台路由器根据 SPF 算法重新计算到达任意网络的最佳路由,从而更新自己的路由表。

## 7.3.2 OSPF 协议基本概念和协议报文

对 OSPF 协议进行基础配置并不像配置 RIP、静态路由那样简单,一旦将 OSPF 协议中的许多选项考虑进来,它实际上可能非常复杂。在对 OSPF 协议配置过程中需要掌握一些专业术语。

**1. 自治系统(Autonomous System)**

它是一组使用相同路由协议交换路由信息的路由器,缩写为 AS。

**2. 路由器 ID**

一台路由器如果要运行 OSPF 协议,则必须存在 RID(Router ID,路由器 ID)。RID 是

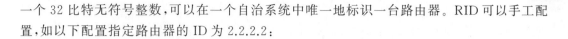

一个 32 比特无符号整数,可以在一个自治系统中唯一地标识一台路由器。RID 可以手工配置,如以下配置指定路由器的 ID 为 2.2.2.2:

```
Router(config)#router ospf 1
Router(config-router)#router-id 2.2.2.2
```

如果没有通过命令指定 RID,将按照如下顺序自动生成一个 RID。

(1) 如果当前设备配置了 Loopback 接口,将选取所有 Loopback 接口上数值最大的 IP 地址作为 RID。

(2) 如果当前设备没有配置 Loopback 接口,将选取它所有已经配置 IP 地址且链路有效的接口上数值最大的 IP 地址作为 RID。

**3. OSPF 协议区域**

在大规模的网络里,OSPF 协议使用分级设计原则,将运行 OSPF 协议的路由器分成若干个区域。多个区域连接到区域 0 的分配区,区域 0 也称为骨干区。这样,链路状态信息只会在每个区域内部泛洪。减少了 LSDB 的大小,也减轻了单个路由器失败对网络整体的影响,当网络拓扑发生变化时,可以大大加速路由器收敛过程。OSPF 协议多区域划分结构如图 7.2 所示。

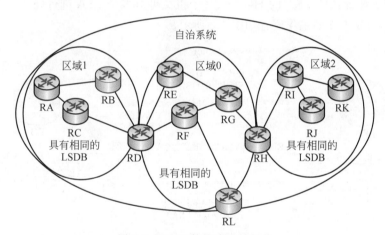

图 7.2　OSPF 协议多区域划分

如图 7.2 所示,区域是在自治系统内部由网络管理员人为划分的,并使用区域 ID 进行标识。OSPE 区域 ID 长度为 32 位,可以使用十进制数的格式来定义,如区域 0;也可以使用 IP 地址的格式来定义,如区域 0.0.0.0。OSPF 协议还规定,如果划分了多个区域,那么必须有一个区域 0,称为骨干区域,所有的其他类型区域需要与骨干区域相连。OSPE 协议路由器按其在区域的位置可分为骨干路由器、区域内路由器(IAR)、区域边界路由器(ABR)、自治系统边界路由器(ASBR)。图 7.2 中区域 0 内的路由器均为骨干路由器,RA、RB、RC 为区域内路由器;RD、RH 为区域边界路由器;RL 为自治系统边界路由器。区域内路由器维护本区域内的 LSDB,区域边界路由器拥有所连接区域的所有 LSDB,并在区域之间作为代理发送链路状态公告。自治系统边界路由器负责和自治系统外交换路由信息。

**4. OSPF 协议网络类型**

最短路径优先算法用于点到点的网络连接,为了在多样的网络中实现 OSPF 协议,

OSPF 协议必须知道它所运行的网络类型,通常情况下 OSPF 协议将网络分为以下 4 种常见类型: ① 点 到 点 类 型 (point to point, PTP); ② 广 播 多 路 访 问 类 型 (broadcast multiaccess, BMA); ③非广播多路访问类型(none broadcast multiaccess, NBMA); ④点到多点类型(point to multipoint, PTMP)。

OSPF 协议有以下 5 种类型的协议报文。

(1) Hello 报文:周期性发送,用来发现和维持 OSPF 协议的邻居关系,内容包括一些定时器的数值、DR(designated router,指定路由器)、BDR(backup designated router,备份指定路由器)以及自己已知的邻居。

(2) DD(database description,数据库描述)报文:描述了本地 LSDB 中每一条 LSA 的摘要信息,用于两台路由器之间进行数据库同步。

(3) LSR(link state request,链路状态请求)报文:向对方请求所需的 LSA。

两台路由器互相交换 DD 报文之后,得知对端的路由器有哪些 LSA 是本地的 LSDB 所缺的,这时需要发送 LSR 报文向对方请求所需的 LSA。内容包括所需要的 LSA 的摘要。

(4) LSU(link state update,链路状态更新)报文:向对方发送其所需要的 LSA。

(5) LSAck(link state acknowledgment,链路状态确认)报文:用来对收到的 LSA 进行确认,内容是需要确认的 LSA 的 Header(一个报文可对多个 LSA 进行确认)。

5 种类型协议报文的工作流程如图 7.3 所示。

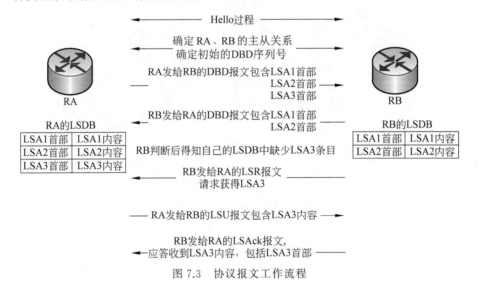

图 7.3　协议报文工作流程

### 7.3.3　OSPF 协议配置方法

OSPF 协议配置中的基本要素是启用 OSPF 协议和配置 OSPF 协议区域。

(1) 启用 OSPF 协议。

用于激活 OSPF 协议路由选择进程的命令如下:

```
Router(config)#router ospf  ?
<1-65535>
```

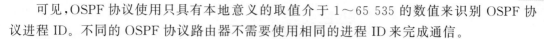

可见,OSPF 协议使用只具有本地意义的取值介于 1～65 535 的数值来识别 OSPF 协议进程 ID。不同的 OSPF 协议路由器不需要使用相同的进程 ID 来完成通信。

(2) 配置 OSPF 协议区域。

在标识了 OSPF 协议的进程后,接下来需要标识想要进行 OSPF 协议通信的接口及路由器所在的区域。这也就配置了需要向其他路由器进行通告的网络,命令如下:

```
Router#config t
Router(config)#router ospf 1
Router(config-router)#network 10.0.0.0 0.255.255.255
area ?
<0- 4294967295> OSPF area ID as a decimal value
A.B.C.D   OSPF area ID in IP address format
Router(config- router)#network 10.0.0.0 0.255.255.255 area 0
```

命令 network 的参数是网络号(10.0.0.0)和通配符掩码(0.255.255.255)。这两个数字的组合用于标识 OSPF 协议操作的接口,并且它也将包含在其 OSPF 协议的 LSA 通告中。根据上面示例中的配置,OSPF 协议将使用这个命令来找出在 10.0.0.0 网络中被配置的路由器上的任何接口,它会将找到的接口都放置到区域 0 中。

在通配符掩码中,一个 0 的 8 位位组表示网络地址中相应的 8 位位组必须严格地匹配。而 255 则表示不必关心网络地址中相应的 8 位位组的匹配情况。如网络和通配符掩码 1.1.1.1　0.0.0.0 的组合将只指定使用 1.1.1.1 精确配置的接口,而不包含其他的地址。

相关调试命令:

```
Router#show ip route
Router#show ip protocols
Router#show ip ospf neighbors      //查看 OSPF 协议的邻居
Router#show ip ospf database       //查看 OSPF 协议数据库
```

## 7.4　OSPF 协议点到点单区域路由配置实验

OSPF 协议对不同的网络类型有不同的配置方法,本实验主要针对点到点的网络类型 (point to point,PTP)进行验证。

首先根据图 7.4 所示的拓扑图在模拟器中布线,然后执行初始路由器和 PC 配置。使用表 7.1 所示的接口分配地址表中提供的 IP 地址为网络设备分配地址。完成基本配置之后,在路由器上配置 OSPF 协议路由,检查路由协议并测试连通性。

**步骤 1:设备选择和线缆连接**

在模拟器中按图 7.4 所示的拓扑图完成设备选择(路由器为 2621XM)并添加串口模块,完成线缆连接。注意,因实验过程中选用的路由器类型不同,添加的串口模块也不相同,导致读者在模拟器中看到的路由器端口号可能和图中不一致,对应接口地址分配表也会不一致。读者可以按照自己在模拟器中实际所用的路由器端口号和对应地址进行配置,不影响学习过程。

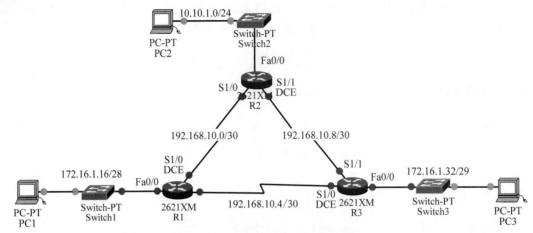

图 7.4　OSPF 协议路由实验拓扑图

表 7.1　接口地址分配表

| 设 备 名 称 | 接　　口 | IP 地　址 | 子 网 掩 码 | 默 认 网 关 |
|---|---|---|---|---|
| PC1 | 网卡 | 172.16.1.20 | 255.255.255.240 | 172.16.1.17 |
| PC2 | 网卡 | 10.10.10.10 | 255.255.255.0 | 10.10.10.1 |
| PC3 | 网卡 | 172.16.1.35 | 255.255.255.248 | 172.16.1.33 |
| R1 | Fa0/0 | 172.16.1.17 | 255.255.255.240 | 无 |
|  | S1/0 | 192.168.10.1 | 255.255.255.252 | 无 |
|  | S1/1 | 192.168.10.5 | 255.255.255.252 | 无 |
| R2 | Fa0/0 | 10.10.10.1 | 255.255.255.0 | 无 |
|  | S1/0 | 192.168.10.2 | 255.255.255.252 | 无 |
|  | S1/1 | 192.168.10.9 | 255.255.255.252 | 无 |
| R3 | Fa0/0 | 172.16.1.33 | 255.255.255.248 | 无 |
|  | S1/0 | 192.168.10.6 | 255.255.255.252 | 无 |
|  | S1/1 | 192.168.10.10 | 255.255.255.252 | 无 |

**步骤 2：清除配置并重新加载、初始化配置路由器和 PC**

（1）使用 erase startup-config 命令清除每台路由器上的配置,然后使用 reload 命令重新加载路由器。若提示是否保存更改,则输入 n。具体步骤参考路由器基本配置实验的基本综合实验。

（2）配置路由器 R1、R2、R3 的主机名、并按表 7.1 分配各接口的 IP 地址,然后激活接口。路由器的串口做 DCE 端口时,时钟设置为 64 000bps,以下为完成配置后路由器 R1 在配置文件中的接口配置信息。

```
hostname R1
interface FastEthernet0/0
```

```
    ip address 172.16.1.17 255.255.255.240
    duplex auto
    speed auto
!
interface FastEthernet0/1
    no ip address
    duplex auto
    speed auto
    shutdown
!
interface Serial1/0
    ip address 192.168.10.1 255.255.255.252
    clock rate 64000
!
interface Serial1/1
    ip address 192.168.10.5 255.255.255.252
!
interface Serial1/2
    no ip address
    shutdown
!
interface Serial1/3
    no ip address
    shutdown
!
```

（3）按表 7.1 配置各主机 IP 地址，主机 PC1 的 IP 配置如图 7.5 所示。

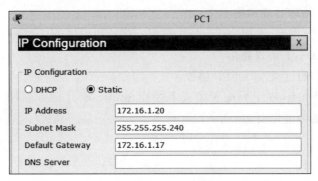

图 7.5　PC1 的 IP 配置

（4）测试并检验 PC 配置。

从每台主机 ping 其默认网关，以此来测试连通性。

（5）检查路由器接口的状态。

使用 show ip interface brief 命令检验 IP 地址是否正确以及接口是否已激活。图 7.6 为 R1 各接口状态。若接口的 Status 和 Protocol 状态均为 up，则接口状态工作正常。

检查 R2 和 R3 路由器上的相关接口状态。

```
R1#show  ip interface br
R1#show  ip interface brief
Interface               IP-Address      OK? Method Status              Protocol

FastEthernet0/0         172.16.1.17     YES manual up                  up

FastEthernet0/1         unassigned      YES unset  administratively down down

Serial1/0               192.168.10.1    YES manual up                  up

Serial1/1               192.168.10.5    YES manual up                  up

Serial1/2               unassigned      YES unset  administratively down down

Serial1/3               unassigned      YES unset  administratively down down
R1#
```

图 7.6  R1 各接口状态

（6）查看所有 3 台路由器的路由表信息，图 7.7 为 R1 的初始路由信息。

```
R1#show ip route
Codes: C - connected, S - static, I - IGRP, R - RIP, M - mobile, B - BGP
       D - EIGRP, EX - EIGRP external, O - OSPF, IA - OSPF inter area
       N1 - OSPF NSSA external type 1, N2 - OSPF NSSA external type 2
       E1 - OSPF external type 1, E2 - OSPF external type 2, E - EGP
       i - IS-IS, L1 - IS-IS level-1, L2 - IS-IS level-2, ia - IS-IS inter area
       * - candidate default, U - per-user static route, o - ODR
       P - periodic downloaded static route

Gateway of last resort is not set

     172.16.0.0/28 is subnetted, 1 subnets
C       172.16.1.16 is directly connected, FastEthernet0/0
     192.168.10.0/30 is subnetted, 2 subnets
C       192.168.10.0 is directly connected, Serial1/0
C       192.168.10.4 is directly connected, Serial1/1
R1#
```

图 7.7  R1 初始路由表信息

查看 R2 和 R3 的路由表，分别分析哪些目的网络已经存在于路由表中，为什么并非所有网络都在这些路由器的路由表中。

（7）完成以上操作后，将初始化运行配置保存到路由器的 NVRAM 中。

**步骤 3：配置 OSPF 协议路由**

（1）在路由器 R1 上配置 OSPF 协议。

① 在路由器 R1 上，在全局配置模式下使用 router ospf 命令启用 OSPF 协议。对于 process-ID 参数，输入进程 ID 1，结果如下：

```
R1(config)#router ospf 1
R1(config-router)#
```

② 配置 LAN 的 network。将 LAN 172.16.1.16/28 配置在从 R1 发出的 OSPF 协议更新中，OSPF network 命令使用 network-address 和 wildcard-mask 参数组合。wildcard-mask 参数必须输入通配符掩码。

单区域 OSPF 协议配置的 area-id 参数，使用区域 ID 为 0，命令如下：

```
R1(config-router)#network 172.16.1.16 0.0.0.15 area 0
R1(config-router)#
```

③ 配置路由器，使其通告 Serial 1/0 接口所连接的网络 192.168.10.0/30，命令如下：

```
R1(config-router)#network 192.168.10.0 0.0.0.3 area 0
R1(config-router)#
```

④ 配置路由器,使其通告 Serial 1/1 接口所连接的网络 192.168.10.4/30,命令如下:

```
R1(config-router)#network 192.168.10.4 0.0.0.3 area 0
R1(config-router)#
```

⑤ 在 R1 上完成 OSPF 协议配置后,返回到特权模式,命令如下:

```
R1(config-router)#end
%SYS-5-CONFIG_I:Configured from console by console
R1#
```

(2) 在路由器 R2 上完成 OSPF 协议配置,命令如下:

```
R2(config)#router ospf 1
R2(config-router)#network 10.10.10.0 0.0.0.255 area 0
R2(config-router)#network 192.168.10.0 0.0.0.3 area 0
R2(config-router)#
00:07:27: %OSPF-5-ADJCHG:Process 1, Nbr 192.168.10.5 on Serial 1/0
from EXCHANGE to FULL, Exchange Done
//注意,当将从 R1 到 R2 的串行链路添加到 OSPF 协议配置时,路由器会向控制台发送一条通知消
息,声明已与另一台 OSPF 协议路由器建立相邻关系
R2(config-router)#network 192.168.10.8 0.0.0.3 area 0
R2(config-router)#end
%SYS-5-CONFIG_I:Configured from console by console
R2#
```

(3) 在路由器 R3 上完成 OSPF 协议配置,命令如下:

```
R3(config)#router ospf 1
R3(config-router)#network 172.16.1.32 0.0.0.7 area 0
R3(config-router)#network 192.168.10.4 0.0.0.3 area 0
R3(config-router)#
00:17:46: %OSPF-5-ADJCHG:Process 1, Nbr 192.168.10.5 on Serial 1/0
from LOADING to FULL, Loading Done
R3(config-router)#network 192.168.10.8 0.0.0.3 area 0
R3(config-router)#
00:18:01: %OSPF-5-ADJCHG:Process 1, Nbr 192.168.10.9 on Serial0/0/1
from EXCHANGE to FULL, Exchange Done
R3(config-router)#end
%SYS-5-CONFIG_I:Configured from console by console
R3#
```

**步骤 4:配置 OSPF 协议路由器 ID**

OSPF 协议路由器 ID 用于在 OSPF 协议自治系统内唯一标识每台路由器。一个路由器 ID 其实就是一个 IP 地址。Cisco 路由器按下列顺序根据下列 3 个条件得出路由器 ID:①通过 OSPF router-id 命令配置的 IP 地址;②路由器的环回地址中的最高 IP 地址;③路

由器的所有物理接口的最高活动 IP 地址。

（1）查看路由器 ID。

因为这 3 台路由器上未配置路由器 ID 或环回接口，所以各台路由器的路由器 ID 由各自活动接口的最高 IP 地址确定，请说出 R1、R2、R3 的路由器 ID 分别是什么。

还可在 show ip protocols、show ip ospf 和 show ip ospf interfaces 命令的输出中看到路由器 ID。如图 7.8 所示，在 R1 中执行 show ip protocols 命令，可得知其 Router ID 为 192.168.10.5。

```
R1#show ip protocols

Routing Protocol is "ospf 1"
 Outgoing update filter list for all interfaces is not set
 Incoming update filter list for all interfaces is not set
 Router ID 192.168.10.5
 Number of areas in this router is 1. 1 normal 0 stub 0 nssa
 Maximum path: 4
 Routing for Networks:
   172.16.1.16 0.0.0.15 area 0
   192.168.10.4 0.0.0.3 area 0
   192.168.10.0 0.0.0.3 area 0
 Routing Information Sources:
   Gateway         Distance      Last Update
   192.168.10.5       110        00:04:27
   192.168.10.9       110        00:04:02
   192.168.10.10      110        00:04:02
 Distance: (default is 110)
```

图 7.8　查看 Router-ID

（2）使用环回地址来更改拓扑中路由器的路由器 ID，命令如下：

```
R1(config)#interface loopback 0
R1(config-if)#ip address 10.1.1.1 255.255.255.255
R2(config)#interface loopback 0
R2(config-if)#ip address 10.2.2.2 255.255.255.255
R3(config)#interface loopback 0
R3(config-if)#ip address 10.3.3.3 255.255.255.255
```

（3）将配置保存到路由器的 NVRAM 中，用 reload 命令重新启动每台路由器。

（4）使用 show ip protocols 命令查看 R1、R2、R3 的 Router ID 是否更改。以 R1 为例，如图 7.9 所示。

```
R1#show ip protocols

Routing Protocol is "ospf 1"
 Outgoing update filter list for all interfaces is not set
 Incoming update filter list for all interfaces is not set
 Router ID 10.1.1.1
 Number of areas in this router is 1. 1 normal 0 stub 0 nssa
 Maximum path: 4
 Routing for Networks:
   172.16.1.16 0.0.0.15 area 0
   192.168.10.4 0.0.0.3 area 0
   192.168.10.0 0.0.0.3 area 0
 Routing Information Sources:
   Gateway         Distance      Last Update
   10.1.1.1           110        00:05:32
   10.2.2.2           110        00:05:32
   10.3.3.3           110        00:05:32
 Distance: (default is 110)
```

图 7.9　查看 Router ID 更改

**步骤 5：验证 OSPF 协议配置**

（1）在路由器 R1 上使用 show ip ospf neighbor 命令查看与 OSPF 协议相邻的路由器 R2 和 R3 相关的信息，如图 7.10 所示。

```
R1#show ip ospf neighbor

Neighbor ID      Pri   State          Dead Time   Address        Interface
10.2.2.2          0    FULL/  -       00:00:33    192.168.10.2   Serial1/0
10.3.3.3          0    FULL/  -       00:00:30    192.168.10.6   Serial1/1
R1#
```

图 7.10　使用 show ip ospf neighbor 命令

图 7.10 显示了 R1 每台相邻路由器的邻居 ID 和 IP 地址以及 R1 用于连接该 OSPF 协议邻居的接口。

（2）检查路由表中的 OSPF 协议路由，以 R1 为例，如图 7.11 所示。

```
R1#show ip route
Codes: C - connected, S - static, I - IGRP, R - RIP, M - mobile, B - BGP
       D - EIGRP, EX - EIGRP external, O - OSPF, IA - OSPF inter area
       N1 - OSPF NSSA external type 1, N2 - OSPF NSSA external type 2
       E1 - OSPF external type 1, E2 - OSPF external type 2, E - EGP
       i - IS-IS, L1 - IS-IS level-1, L2 - IS-IS level-2, ia - IS-IS inter area
       * - candidate default, U - per-user static route, o - ODR
       P - periodic downloaded static route

Gateway of last resort is not set

     10.0.0.0/8 is variably subnetted, 2 subnets, 2 masks
C       10.1.1.1/32 is directly connected, Loopback0
O       10.10.10.0/24 [110/65] via 192.168.10.2, 00:13:40, Serial1/0
     172.16.0.0/16 is variably subnetted, 2 subnets, 2 masks
C       172.16.1.16/28 is directly connected, FastEthernet0/0
O       172.16.1.32/29 [110/65] via 192.168.10.6, 00:13:16, Serial1/1
     192.168.10.0/30 is subnetted, 3 subnets
C       192.168.10.0 is directly connected, Serial1/0
C       192.168.10.4 is directly connected, Serial1/1
O       192.168.10.8 [110/128] via 192.168.10.6, 00:13:16, Serial1/1
                     [110/128] via 192.168.10.2, 00:13:16, Serial1/0
R1#
```

图 7.11　R1 的路由表信息

在路由器 R1 上查看路由表，在路由表中，OSPF 协议路由标有 O。

（3）测试 P1、P2、P3 的连通性，给出结果，若出现连通性问题，请检查上述步骤是否正确。

# 实验 8　访问控制列表

## 8.1　实验目标

（1）掌握标准访问控制列表配置的方法。

（2）掌握扩展访问控制列表配置的方法。

## 8.2　实验背景

园区网接入互联网后，必然面临各种安全威胁，网络安全管理成为网络管理员最棘手的问题。一方面，因业务需求必须允许对网络资源访问开放权限；另一方面，得确保内网的数据资源安全。网络安全可用的技术非常多，ACL（access control list，访问控制列表）技术可以实现对数据流的过滤，是实现基本网络安全的手段之一。通过建立访问控制列表，路由器可以限制网络流量，提高网络性能，对通信流量起到控制的作用，实现对流入和流出路由器接口的 IP 数据包进行过滤。路由器的访问控制列表配置可以实现包过滤防火墙的作用。

## 8.3　技术原理

### 8.3.1　ACL 简介

ACL 是应用在路由器接口上的配置脚本，其本质是一些规则的集合，这些规则通过检查数据报文的头部信息（源 IP 地址、目的 IP 地址、源端口号、目的端口号、协议等）来控制路由器是允许还是拒绝该数据包通过，实现对进入或者离开路由器接口的数据包的过滤。

ACL 的基本原理如图 8.1 所示，数据包报文从路由器 E0 口进入后，路由器根据 ACL 定义的过滤规则决定哪些报文可以从 S0 口出去。路由器许多配置任务，如 NAT 等都需要使用建立 ACL 配合操作。

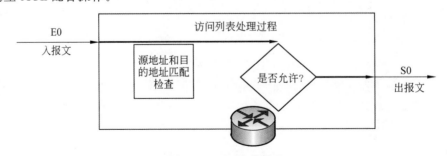

图 8.1　ACL 基本原理

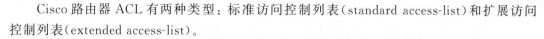

Cisco 路由器 ACL 有两种类型：标准访问控制列表（standard access-list）和扩展访问控制列表（extended access-list）。

标准访问控制列表最简单，只根据 IP 数据包的源地址来决定是否过滤数据包。

扩展访问控制列表根据 IP 数据包的源地址、目的地址、源端口、目的端口和协议类型等来决定是否过滤数据包，应用比标准访问控制列表更加灵活，也能完成更复杂的安全功能。

### 8.3.2　ACL 配置方式

（1）访问控制列表的配置步骤如下。

第一步：创建访问控制列表，编号 1～99 为标准访问控制列表，编号 100～199 为扩展访问控制列表。

第二步：定义允许或禁止 IP 数据包的描述语句。

第三步：将访问控制列表应用到路由器的具体接口上，并定义过滤的方向。

（2）标准 IP 访问列表的配置。

（1）中的第一步和第二步合在一条命令中实现，具体语法如下：

`Router(config)#access-list access-list-number {permit|deny} source [mask] [log]`

该条命令中相关参数及其说明如表 8.1 所示。

表 8.1　标准 IP 访问控制列表命令参数及说明

| 参　　数 | 说　　明 |
| --- | --- |
| access-list-number | 标准 ACL 表号，取值范围是 1～99 |
| permit | 匹配条件时允许访问 |
| deny | 匹配条件时拒绝访问 |
| source | 发送数据包的网络或者主机 |
| mask | 通配符掩码，和源地址对应 |
| log | 消息日志，发到控制台 |

其中，mask 为通配符掩码，它是一个 32 位的数字字符串。

通配符掩码与子网掩码工作原理是不同的。在 IP 子网掩码中，数字 1 和 0 用来决定是网络、子网，还是相应的主机的 IP 地址。在通配符掩码位中，0 表示"检查相应的位，并且需要匹配"，1 表示"不检查相应的位，不需要匹配"。如表示 172.16.0.0 这个网段，使用通配符掩码应为 0.0.255.255。通配符掩码中，用 255.255.255.255 表示所有 IP 地址，可以用 any 代替，因为全为 1 说明所有 32 位都不检查；0.0.0.0 则表示所有 32 位都要进行匹配，这样只能表示一个 IP 地址，可以用 host 表示。

（1）中第三步的具体语法如下：

`Router(config-if)#ip access-group access-list-number {in | out}`

其中，in｜out 表示在端口上应用访问列表指明是进方向还是出方向进行数据包过滤。

（3）扩展访问控制列表的配置方式。

（1）中的第一步和第二步合在一条命令中实现，具体语法如下：

```
Router(config)#access-list access-list-number { permit | deny } protocol source
source-wildcard [operator port] destination destination-wildcard [ operator port
] [ established ] [log]
```

该条命令中相关参数及其说明如表 8.2 所示。

表 8.2 扩展访问控制列表命令参数及说明

| 参　　数 | 说　　明 |
| --- | --- |
| access-list-number | 扩展 ACL 表号，取值范围是 100～199 |
| permit | 匹配条件时允许访问 |
| deny | 匹配条件时拒绝访问 |
| protocol | 指定协议类型，如 IP、TCP、UDP、ICMP |
| source | 发送数据包的网络或者主机 |
| source-wildcard | 发送者通配符掩码 |
| operator | lt、gt、eq、neq(小于、大于、等于、不等于) |
| port | 端口号 |
| destination | 目的地址 |
| destination-wildcard | 目的地通配符掩码 |
| established | 仅用于 TCP，表示已经建立连接 |
| log | 消息日志，发到控制台 |

（1）中第三步的具体语法如下：

```
Router(config-if)#ip access-group access-list-number { in | out }
```

（4）访问列表配置准则。

① 访问列表中限制语句的位置是至关重要的。由于 ACL 表项的检查按自上而下的顺序进行，并且从第一个表项开始，最后默认为 deny any，一旦匹配某一条件就停止检查后续的表项，所以必须考虑在 ACL 中语句配置的先后次序。需要将限制条件严格的语句放在访问列表的最上面。

② 对于每个接口、每个方向、每种协议，只能设置 1 个 ACL。

③ 使用 no access-list number 命令将删除整个访问列表。

④ 由于隐含声明默认为 deny all，在设置的访问列表中经常要添加 permit any。

⑤ 创建 ACL 后要应用在需要过滤的接口上，并指明方向。

⑥ ACL 用于过滤经过路由器的数据包，它并不会过滤路由器本身所产生的数据包。

⑦ 把标准 ACL 放置在尽可能靠近目标的接口，把扩展 ACL 放置在尽可能靠近源的接口。

## 8.4　访问控制列表配置实验

实验首先根据图 8.2 所示的拓扑图在模拟器中布线,然后执行初始路由器和 PC 配置,用表 8.3 所示的接口地址分配表中提供的 IP 地址为网络设备分配地址。完成基本配置之后,在路由器上配置标准 IP 访问列表和扩展访问列表,并检查结果的有效性。

**步骤 1:设备选择和线缆连接**

在模拟器中按图 8.2 所示的拓扑图完成设备选择(路由器为 2811)并添加串口模块,完成线缆连接。注意,因实验过程中选用的路由器类型不同,添加的串口模块也不相同,导致读者在模拟器中看到的路由器端口号可能和图中不一致,对应接口地址分配表也会不一致。读者可以按照自己在模拟器中所用的路由器端口号和对应地址进行配置,不影响学习过程。

实验要求只允许 R0 的 Fa0/0 所连接的内网用户访问 Internet,禁止其他网段对 Internet 的访问。

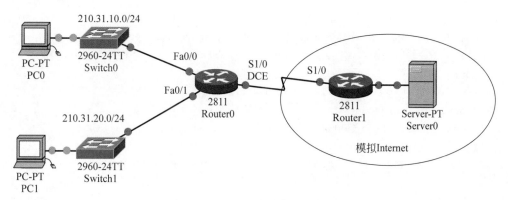

图 8.2　标准 IP 访问列表配置实验拓扑图

**步骤 2:清除配置并重新加载、配置路由器和 PC**

(1) 使用 erase startup-config 命令清除每台路由器上的配置,然后使用 reload 命令重新加载路由器。若提示是否保存更改,则输入 n。具体步骤参考路由器基本配置实验的基本综合实验。

表 8.3　接口地址分配表

| 设 备 名 称 | 接　　口 | IP 地 址 | 子网掩码 | 默 认 网 关 |
|---|---|---|---|---|
| PC0 | 网卡 | 210.31.10.2 | 255.255.255.0 | 210.31.10.1 |
| PC1 | 网卡 | 210.31.20.2 | 255.255.255.0 | 210.31.20.1 |
| Server0 | 网卡 | 210.31.40.2 | 255.255.255.0 | 210.31.40.1 |
| R0 | Fa0/0 | 210.31.10.1 | 255.255.255.0 | 无 |
| | Fa0/1 | 210.31.20.1 | 255.255.255.0 | 无 |
| | S1/0 | 210.31.30.1 | 255.255.255.0 | 无 |

| 设 备 名 称 | 接 口 | IP 地 址 | 子 网 掩 码 | 默 认 网 关 |
|---|---|---|---|---|
| R1 | Fa0/0 | 210.31.40.1 | 255.255.255.0 | 无 |
| | S1/0 | 210.31.30.2 | 255.255.255.0 | 无 |

（2）配置路由器 R0、R1 主机名，按表 8.3 所示的接口地址分配表分配各接口 IP 地址，并激活接口。路由器的串口做 DCE 端口时，时钟设置为 64 000bps，以下为路由器 R0 的接口配置：

```
Router>enable
Router#configure terminal
Enter configuration commands, one per line. End with CNTL/Z.
Router(config)#hostname R0
R0(config)#interface FastEthernet0/0
R0(config-if)#no shutdown
%LINK-5-CHANGED: Interface FastEthernet0/0, changed state to up
%LINEPROTO-5-UPDOWN: Line protocol on Interface FastEthernet0/0, changed state
to up
R0(config-if)#ip address 210.31.10.1 255.255.255.0
R0(config-if)#exit
R0(config)#interface FastEthernet0/1
R0(config-if)#no shutdown
%LINK-5-CHANGED: Interface FastEthernet0/1, changed state to up

%LINEPROTO-5-UPDOWN: Line protocol on Interface FastEthernet0/1, changed state
to up
R0(config-if)#ip address 210.31.20.1 255.255.255.0
R0(config-if)#exit
R0(config)#interface Serial1/0
R0(config-if)#ip address 210.31.30.1 255.255.255.0
R0(config-if)#no shutdown
R0(config-if)#clock rate 64000
R0(config-if)#
```

（3）按表 8.3 配置主机 IP 地址，服务器的 IP 配置如图 8.3 所示。

（4）测试并检验配置。

从每台主机 ping 其默认网关，以此来测试连通性。

（5）检查路由器 R0、R1 接口的状态，如图 8.4 所示。

图 8.4 显示 FastEthernet0/0、FastEthernet0/1 和 Serial1/0 的 Status 和 Protocol 均处于 up 状态，说明这 3 个接口都已激活。

检查 R1 路由器上的相关接口状态。

**步骤 3：配置路由**

（1）在 R0 上配置静态路由，命令如下：

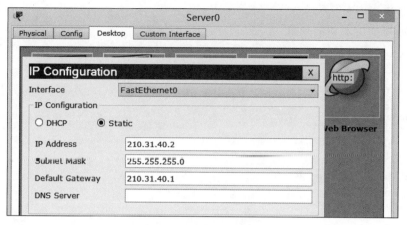

图 8.3 服务器的 IP 配置

```
R0#show ip interface brief
Interface          IP-Address      OK? Method Status              Protocol

FastEthernet0/0    210.31.10.1     YES manual up                  up

FastEthernet0/1    210.31.20.1     YES manual up                  up

Serial1/0          210.31.30.1     YES manual up                  up

Serial1/1          unassigned      YES unset  administratively down down

Serial1/2          unassigned      YES unset  administratively down down

Serial1/3          unassigned      YES unset  administratively down down

Vlan1              unassigned      YES unset  administratively down down
```

图 8.4 路由器接口状态

R0(config)#ip route 0.0.0.0 0.0.0.0 210.31.30.2

(2) 在 R1 上配置静态路由,命令如下:

R1(config)#ip route 0.0.0.0 0.0.0.0 210.31.30.1

(3) 检查 R0、R1 路由表,路由器 R0 的路由表如图 8.5 所示。

```
R0#show ip route
Codes: C - connected, S - static, I - IGRP, R - RIP, M - mobile, B - BGP
       D - EIGRP, EX - EIGRP external, O - OSPF, IA - OSPF inter area
       N1 - OSPF NSSA external type 1, N2 - OSPF NSSA external type 2
       E1 - OSPF external type 1, E2 - OSPF external type 2, E - EGP
       i - IS-IS, L1 - IS-IS level-1, L2 - IS-IS level-2, ia - IS-IS inter area
       * - candidate default, U - per-user static route, o - ODR
       P - periodic downloaded static route

Gateway of last resort is 210.31.30.2 to network 0.0.0.0

C    210.31.10.0/24 is directly connected, FastEthernet0/0
C    210.31.20.0/24 is directly connected, FastEthernet0/1
C    210.31.30.0/24 is directly connected, Serial1/0
S*   0.0.0.0/0 [1/0] via 210.31.30.2
```

图 8.5 路由器 R0 的路由表

R1 的路由表内容是什么？

**步骤 4：配置标准访问列表**

配置标准访问列表的命令如下：

```
R0(config)#access-list 10 permit 210.31.10.0 0.0.0.255
R0(config)#access-list 10 deny any
R0(config)#interface s1/0
R0(config-if)#ip access-group 10 out
R0(config-if)#
```

**步骤 5：测试访问列表**

（1）配置 Web 服务器，如图 8.6 所示。

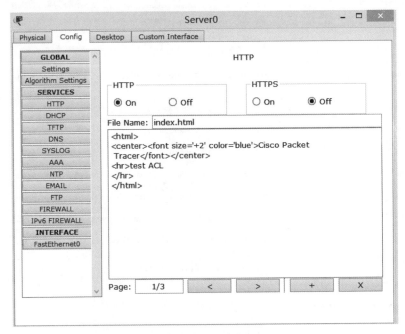

图 8.6　服务器配置

（2）在 PC0 中打开浏览器，访问服务器网页，结果如图 8.7 所示。

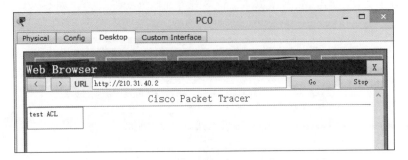

图 8.7　pc0 访问服务器网页结果

（3）在 PC1 中打开浏览器，访问服务器网页，结果如图 8.8 所示。

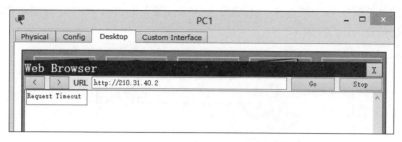

图 8.8　PC1 访问服务器网页结果

图 8.8 中显示 Request Timeout，说明该网段中的网络终端设备已经无法访问外网。

**步骤 6：配置扩展访问列表**

在以上步骤完成的情况下，为了进一步保证服务器的安全，要求 210.31.10.0/24 网络不能通过 ICMP 访问外部的服务器，但是可以访问服务器的 Web 服务。

（1）在路由器 R0 上添加扩展访问列表，命令如下：

```
R0(config)#access-list 110 permit tcp 210.31.10.0 0.0.0.255 host 210.31.40.2 eq 80
R0(config)#access-list 110 deny icmp 210.31.10.0 0.0.0.255 host 210.31.40.2
R0(config)#interface f0/0
R0(config-if)#ip access-group 110 in
```

（2）检查结果。

（1）从 PC0 ping 服务器，结果如图 8.9 所示。

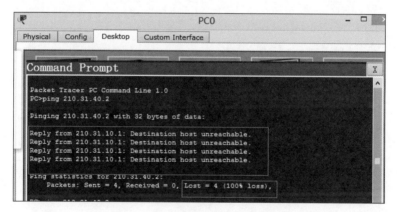

图 8.9　ICMP 协议无法访问服务器

（2）从 PC0 访问 Web 服务器，结果如图 8.10 所示。

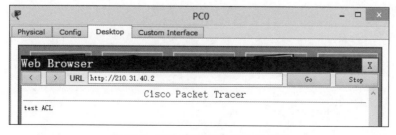

图 8.10　PC0 可以访问 Web 服务器

由此可见,扩展访问列表相对于标准访问列表,能完成更复杂的安全过滤功能。

这里再进行一次扩展练习。

建立如图 8.11 的拓扑结构,实验要求:仅允许 HostA 远程登录路由器。

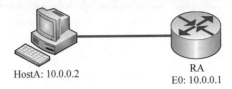

HostA: 10.0.0.2　　　　　　　RA
　　　　　　　　　　　　　　E0: 10.0.0.1

图 8.11　拓扑图

RA 核心配置命令如下:

```
RA(config)#access-list 10 permit host 10.0.0.2
RA(config)#line vty 0 4
RA(config-line)#access-class 10 in
```
//利用标准 ACL 可以控制 telnet 会话,把一个 ACL 关联到虚拟端口的命令是 access-class。本
//操作将 10 号访问列表应用在 VTY 上

根据以上内容,设计并完成整个实验,并进行如下测试。

(1) 分别在 HostA 上用 ping 和 telnet 进行测试。结果如何? 请说明原因。

(2) 在 HostA 上修改 IP 地址为 10.0.0.3,再用 ping 和 telnet 进行测试。结果如何? 请说明原因。

# 实验 9   NAT

## 9.1   实验目标

（1）掌握静态 NAT 基本配置和调试的方法。
（2）掌握动态 NAT 基本配置和调试的方法。

## 9.2   实验背景

随着网络时代的到来,越来越多的个人和企业加入到互联网当中,但由于现行 IP 地址（IPv4）数量的限制,Internet 面临 IP 地址空间短缺的问题,从 ISP 申请并给每个企业员工分配一个公有 IP 地址是不现实的。同时,作为稀缺资源,申请大量 IP 地址需要巨大成本。NAT(network address translation,网络地址转换)是缓解内网安全和 IP 地址短缺的重要手段。

## 9.3   技术原理

### 9.3.1   NAT 技术概述

NAT 是一个 IETF(Internet Engineering Task Force,因特网工程任务组)标准,可以使得一个私有网络连接到外部世界。私有网络是指主机分配私有地址的网络。私有 IP 地址也称内部地址,属于非注册地址,专门为组织机构内部使用。因特网编号分配机构（IANA）保留了 3 块 IP 地址作为私有 IP 地址,具体内容如表 9.1 所示。

表 9.1   私有 IP 地址表

| 地 址 分 类 | 地 址 范 围 | 网 络 数 量 |
|---|---|---|
| A 类 | 10.0.0.0～10.255.255.255 | 1 个 A 类 |
| B 类 | 172.16.0.0～172.31.255.255 | 32 个 B 类 |
| C 类 | 192.168.0.0～192.168.255.255 | 256 个 C 类 |

与私有 IP 地址对应的是全局 IP 地址,也称公有地址,是指合法的 IP 地址,它是由 NIC（网络信息中心）或者 ISP（网络服务提供商）分配的地址,是全球统一的可寻址的地址。

NAT 就是一种将企业私有（内部）地址转化为全局（合法）地址,实现对外访问的转换技术。使用私有地址的企业网一般称为 inside 网络,而外部网络称为 outside 网络。位于 inside 网络和 outside 网络中间的路由器,配置了 NAT,在发送数据包之前,负责把内部私有 IP 地址翻译成外部合法 IP 地址。反之则将外部合法 IP 地址转换成内部的私有 IP 地址。其原理如图 9.1 所示。

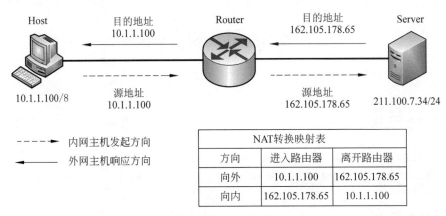

图 9.1　NAT 原理

NAT 的主要优点如下。

(1) 允许对内网实行私有编址,节省了 IP 地址。

(2) 增强了与公网连接的灵活性。

(3) 为内网编址方案提供了一致性。

(4) 提供了内网安全性。私网对外可以一个地址出现在 Interenet 上,隐蔽了内部拓扑和地址划分。

NAT 主要有 3 种技术。

(1) 静态 NAT。

在静态 NAT 中,内部网络中主机的私有地址都被永久映射成某个合法的地址。也就是说,静态地址转换将内部本地地址与外部合法地址进行一对一的转换。如果内部网络有 Web 服务器或 FTP 服务器等需要为外部用户提供的服务,这些服务器的 IP 地址必须采用静态地址转换,以便外部用户可以访问到这些服务器,获得相关服务。

(2) 动态 NAT。

动态 NAT 首先要定义合法地址池,然后采用动态分配的方法把地址池的合法地址映射到内部网络主机的私有地址上。动态 NAT 是动态一对一地映射,且需要在路由器上维护一张地址映射表。

(3) PAT。

PAT 是把内部地址映射到外部网络的 IP 地址的不同端口上,从而可以实现多对一的映射。PAT 最为有效地节省了 IP 地址。

### 9.3.2　NAT 配置方法和命令

(1) NAT 的配置大致分为 4 个步骤。

① 标记 NAT 路由器的 inside 口和 outside 口;

② 用 ACL 定义允许访问外网的地址段;

③ 定义待分配的地址池(可选)功能;

④ 启用 NAT。

（2）NAT 基本配置命令。

① 标记 NAT 路由器的 inside 口和 outside 口：

```
Router(config-if)#ip nat inside|outside
```

② 定义待分配的地址池：

```
router(config)#ip nat pool pool-name start-ip end-ip netmask masknumber
```

③ 启用 NAT：

```
router(config)#ip nat inside source list listnumber pool pool-name
```

④ 相关调试命令：

```
show ip nat translation            //查看 NAT 转化表
clear ip nat translation *         //清除 NAT 转化关系(静态的不能被清除)
show ip nat translation verbose    //查看 NAT 转化的默认时间
ip nat translation timeout 60      //将动态 NAT 转化时间改为 60s
debug ip nat                       //动态查看 NAT 的转化关系
show ip nat statistics             //查看 NAT 转换的统计信息
```

本次实验主要学习静态 NAT 和动态 NAT 配置。

# 9.4 静态 NAT 配置实验

实验首先在模拟器建立实验拓扑，然后执行初始路由器和 PC 配置。使用地址表中提供的 IP 地址为网络设备分配地址。完成基本配置之后，在路由器上配置路由，检查路由协议并测试连通性。然后完成静态 NAT 配置，并验证。

静态 NAT 配置的方法如下。

第一步，设置外部端口和内部端口（假设 Serial 1/0 为外部端口，FastEthernet 0/1 为内部端口），命令如下。

```
Router(config)#Interface serial 1/0
Router(config-if)#Ip nat outside
Router(config)#Interface fastEthernet 0/1
Router(config-if)#Ip nat inside
```

第二步，在内部局部和内部全局地址之间建立静态地址转换（以 10.0.0.2 80 和 131.107.0.2 80 静态地址转换为例），命令如下：

```
Router(config)#ip nat inside source static 10.0.0.2 80 131.107.0.2 80
```

过程具体如下。

**步骤 1：设备选择和线缆连接**

在模拟器中按图 9.2 所示的拓扑图完成设备选择（路由器为 2811）并添加串口模块，完成线缆连接。注意，因实验过程中选用的路由器类型不同，添加的串口模块也不相同，导致读者在模拟器中看到的路由器端口号可能和图中不一致，对应的接口地址分配表也会不一致。读者可以按照自己在模拟器中所用的路由器端口号和对应地址进行配置,不影响学习过程。

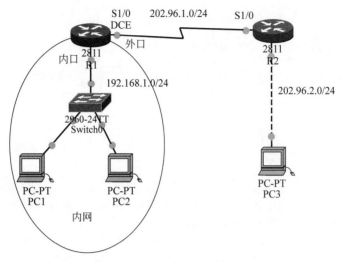

图 9.2  静态 NAT 拓扑图

**步骤 2：配置路由器接口**

配置路由器 R1、R2 主机名,按表 9.2 所示的接口地址分配表分配各接口 IP 地址,并激活接口。路由器的串口做 DCE 端口时,时钟设置为 64 000bps,以下命令为路由器 R1 的接口配置:

表 9.2  接口地址分配

| 设 备 名 称 | 接 口 | IP 地 址 | 子网掩码 | 默认网关 |
| --- | --- | --- | --- | --- |
| PC1 | 网卡 | 192.168.1.1 | 255.255.255.0 | 192.168.1.254 |
| PC2 | 网卡 | 192.168.1.2 | 255.255.255.0 | 192.168.1.254 |
| PC3 | 网卡 | 202.96.2.1 | 255.255.255.0 | 202.96.2.254 |
| R1 | Fa0/0 | 192.168.1.254 | 255.255.255.0 | 无 |
| | S1/0 | 202.96.1.1 | 255.255.255.0 | 无 |
| R2 | Fa0/0 | 202.96.2.254 | 255.255.255.0 | 无 |
| | S1/0 | 202.96.1.2 | 255.255.255.0 | 无 |

```
Router>enable
Router#configure terminal
Enter configuration commands, one per line.  End with CNTL/Z.
Router(config)#interface FastEthernet0/0
Router(config-if)#ip address 192.168.1.254 255.255.255.0
Router (config-if)#no shutdown
%LINK-5-CHANGED: Interface FastEthernet0/0, changed state to up
%LINEPROTO-5-UPDOWN: Line protocol on Interface FastEthernet0/0, changed state
to up
```

```
Router (config)#interface Serial1/0
Router (config-if)#clock rate 64000
Router (config-if)#no shutdown
  %LINK-5-CHANGED: Interface Serial1/0, changed state to up
%LINEPROTO-5-UPDOWN: Line protocol on Interface Serial1/0, changed state to up
Router(config)#hostname R1
```

**步骤 3：配置路由器 R1 提供 NAT 服务**

命令如下：

```
R1(config)#ip nat inside source static 192.168.1.1 202.96.1.3
//配置静态 NAT 映射
R1(config)#ip nat inside source static 192.168.1.2 202.96.1.4
R1(config)#interface s1/0
R1(config-if)#ip nat outside
//配置 NAT 外部接口
R1(config)#interface f0/0
R1(config-if)#ip nat inside
//配置 NAT 内部接口
```

**步骤 4：配置路由器 R1 的 RIP 路由**

命令如下：

```
R1(config)#router rip
R1(config-router)#version 21
R1(config-router)#no auto-summary
R1(config-router)#network 202.96.1.0
```

请思考：为什么在此不需要宣告另一个直连网段 192.168.1.0？

**步骤 5：配置路由器 R2 的 RIP 路由**

命令如下：

```
R2(config)#router rip
R2(config-router)#version 2
R2(config-router)#no auto-summary
R2(config-router)#network 202.96.1.0
R2(config-router)#network 202.96.2.0
```

**步骤 6：实验调试**

（1）外部的 PC3 对 PC1 和 PC2 进行连通性测试，首先 ping 192.168.1.1 和 192.168.1.2，结果如图 9.3 所示。

（2）外部的 PC3 对 PC1 和 PC2 进行连通性测试，ping 202.96.1.3 和 202.96.1.4，结果如图 9.4 所示。

从这两次测试结果分析说明了什么问题？

（3）使用命令 debug ip nat 查看地址翻译的过程。

① 特权模式下运行 debug ip nat 命令。

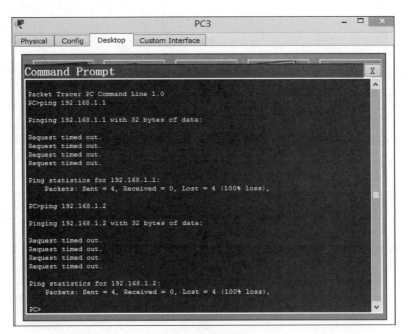

图 9.3　连通性测试 1

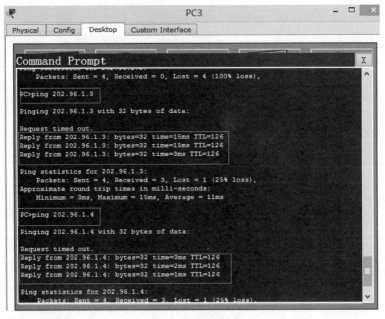

图 9.4　连通性测试 2

② PC3 ping 202.96.1.4。

③ 从 R1 查看输出结果,如图 9.5 所示。

以上输出表明了 NAT 的转换过程。请分析地址转换过程。

(4) 使用命令 show ip nat translations 查看 NAT 表,如图 9.6 所示。静态映射时,NAT 表一直存在。

```
R1#debug ip nat
IP NAT debugging is on
R1#
NAT: s=202.96.2.1, d=202.96.1.4->192.168.1.2 [61]

NAT*: s=192.168.1.2->202.96.1.4, d=202.96.2.1 [11]

NAT: s=202.96.2.1, d=202.96.1.4->192.168.1.2 [62]

NAT*: s=192.168.1.2->202.96.1.4, d=202.96.2.1 [12]

NAT: s=202.96.2.1, d=202.96.1.4->192.168.1.2 [63]

NAT*: s=192.168.1.2->202.96.1.1, d=202.96.2.1 [13]

NAT: s=202.96.2.1, d=202.96.1.4->192.168.1.2 [64]

NAT*: s=192.168.1.2->202.96.1.4, d=202.96.2.1 [14]
```

图 9.5　使用 debug ip nat 命令

```
R1#show ip nat translations
Pro  Inside global    Inside local     Outside local    Outside global
---  202.96.1.3       192.168.1.1      ---              ---
---  202.96.1.4       192.168.1.2      ---              ---
```

图 9.6　使用 show ip nat translations 命令

# 9.5　动态 NAT 配置实验

动态 NAT 的配置方法如下。

第一步,设置外部端口和内部端口(假设 Serial 1/0 为外部端口,FastEthernet 0/1 为内部端口),命令如下:

```
Router(config)#Interface serial 1/0
Router(config-if)#Ip nat outside
Router(config)#Interface fastEthernet 0/1
Router(config-if)#Ip nat inside
```

第二步,定义内部网络中允许访问外部的访问控制列表(假设 192.168.1.0/24 网段可以对外访问),命令如下:

```
router(config)#access-list 1 permit 192.168.1.0 0.0.0.255
```

第三步,定义合法 IP 地址池(假设地址池内有 10 个合法地址),命令如下:

```
router(config)#ip nat pool XXX 202.96.1.11 202.96.1.20  netmask 255.255.255.0
```

第四步,在内部和外部端口上启用 NAT,命令如下:

```
router(config)#ip nat inside source list 1 pool XXX
```

过程具体如下。

**步骤 1**

保留静态 NAT 配置的实验拓扑和地址分配,将静态 NAT 配置删除,命令如下:

```
R1#configure t
Enter configuration commands, one per line.  End with CNTL/Z.
R1(config)#no ip nat inside source static 192.168.1.1 202.96.1.3
R1(config)#no ip nat inside source static 192.168.1.2 202.96.1.4
R1(config)#exit
R1#write
Building configuration...
[OK]
R1#reload
```

**步骤 2**

定义访问控制列表,配置允许动态 NAT 转换的内部地址范围,命令如下:

```
R1(config)#access-list 1 permit 192.168.1.0 0.0.0.255
```

**步骤 3**

配置动态 NAT 转换的地址池,命令如下:

```
R1(config)#ip nat pool ntu-pool 202.96.1.11 202.96.1.20 netmask 255.255.255.0
```

**步骤 4**

启用动态 NAT 映射,命令如下:

```
R1(config)#ip nat inside source list 1 pool ntu-pool
```

**注意**:由于本实验是沿用了静态 NAT 配置的拓扑和基本配置,所以没有再指定 inside 和 outside 口;若是单独的动态 NAT 转换实验,依旧要完成内口和外口的指定,具体过程见静态 NAT 配置。

**步骤 5**

实验调试。

(1) 在 PC1 和 PC2 中对 PC3 进行连通性测试,结果如图 9.7 和图 9.8 所示。

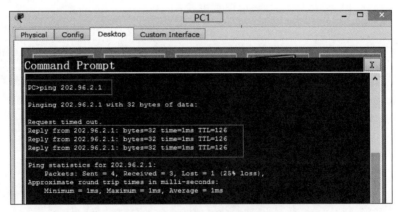

图 9.7　PC1 对 PC3 的连通性测试

(2) 在 R1 上执行 show ip nat translations 命令,结果如图 9.9 所示。

以上信息表明当 PC1 和 PC2 第一次访问 PC3 的时候,NAT 路由器 R1 为主机 PC1 和

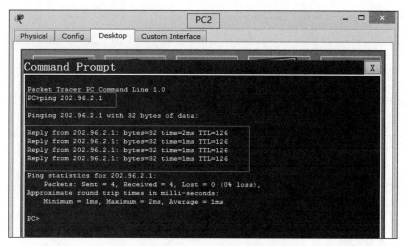

图 9.8　PC2 对 PC3 的连通性测试

```
R1#show ip nat translations
Pro   Inside global      Inside local       Outside local      Outside global
icmp  202.96.1.11:10     192.168.1.1:10     202.96.2.1:10      202.96.2.1:10
icmp  202.96.1.11:11     192.168.1.1:11     202.96.2.1:11      202.96.2.1:11
icmp  202.96.1.11:12     192.168.1.1:12     202.96.2.1:12      202.96.2.1:12
icmp  202.96.1.11:9      192.168.1.1:9      202.96.2.1:9       202.96.2.1:9
icmp  202.96.1.12:5      192.168.1.2:5      202.96.2.1:5       202.96.2.1:5
icmp  202.96.1.12:6      192.168.1.2:6      202.96.2.1:6       202.96.2.1:6
icmp  202.96.1.12:7      192.168.1.2:7      202.96.2.1:7       202.96.2.1:7
icmp  202.96.1.12:8      192.168.1.2:8      202.96.2.1:8       202.96.2.1:8
```

图 9.9　执行 show ip nat translations 命令

PC2 动态分配两个全局地址 202.96.1.11 和 202.96.1.12,在 NAT 表中生成两条动态映射的记录,同时会在 NAT 表中生成和应用向对应的协议和端口号的记录(过期时间为 60s)。在动态映射没有过期(过期时间为 86 400s)之前,再有应用从相同主机发起时,NAT 路由器会直接查 NAT 表,然后为应用分配相应的端口号。

(3) 查看 NAT 转换的统计信息。

首先在 PC1 上执行 ping PC3 的操作,然后在路由器 R1 上执行 show ip nat statistics 命令,结果如图 9.10 所示。

```
R1#show ip nat statistics
Total translations: 4 (0 static, 4 dynamic, 4 extended)
Outside Interfaces: Serial1/0
Inside Interfaces: FastEthernet0/0
Hits: 19  Misses: 91
Expired translations: 20
Dynamic mappings:
-- Inside Source
access-list 1 pool ntu-pool refCount 4
 pool ntu-pool: netmask 255.255.255.0
        start 202.96.1.11 end 202.96.1.20
        type generic, total addresses 10 , allocated 1 (10%), misses 0
```

图 9.10　执行 show ip nat statistics 命令

从图 9.10 中可以观察到,PC1 ping PC3 产生 4 个 icmp 包,所以共实现了 4 次地址转换,且 4 次转换均为动态转换。

# 实验 10　独 臂 路 由

## 10.1　实验目标

（1）掌握路由器子接口配置的方法。

（2）掌握 VLAN 间独臂路由配置的方法。

## 10.2　实验背景

在交换机上划分 VLAN 后，VLAN 子网应该被看作独立的网络，不同的 VLAN 间的计算机无法通信。VLAN 间设备的通信需要借助网络层，常用方法有两种：其一是利用路由器；第二是利用三层交换机。三层交换机可以看作路由器加交换机，然而因为采用了特殊的技术，其数据处理能力比路由器要强大得多。如果使用路由器通常会采用独臂路由模式。

## 10.3　技术原理

同一交换机上处于不同 VLAN 的计算机之间的通信必须使用路由器。可以在每个 VLAN 上选一个以太网口和路由器的一个接口连接。采用这种方法，如果要实现 N 个 VLAN 间的通信，则路由器需要 N 个以太网接口，同时也会占用了 N 个交换机上的以太网接口。如图 10.1 所示。

独臂路由提供了另外一种解决方案。路由器只需要一个以太网接口和交换机连接，交换机的这个接口设置为 trunk 接口。在路由器上创建多个子接口和不同的 VLAN 连接，子接口是路由器物理接口上的逻辑接口，工作原理如图 10.2 所示。

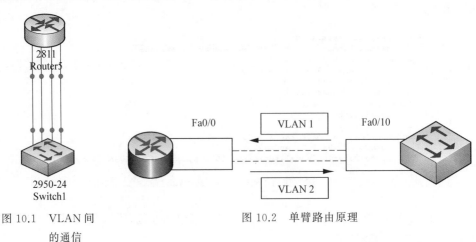

图 10.1　VLAN 间　　　　　　　　　　图 10.2　单臂路由原理
　　　　的通信

当交换机收到 VLAN1 的计算机发送的数据帧后,从它的 trunk 接口发送数据给路由器,由于该链路是 trunk 链路,帧中带有 VLAN1 的标签。帧到了路由器后,如果数据要转发到 VLAN2 上,路由器将把数据帧的 VLAN1 标签去掉,重新用 VLAN2 的标签进行封装,通过 trunk 链路发送到交换机上的 trunk 接口;交换机收到该帧,去掉 VLAN2 标签,发送给 VLAN2 上的计算机,从而实现了 VLAN 间的通信。

## 10.4　独臂路由配置实验

实验首先根据图 10.3 所示的拓扑图在模拟器中布线,然后执行初始路由器和 PC 配置。使用表 10.1 所示的接口地址分配表中提供的 IP 地址为网络设备分配地址。

**步骤 1:设备选择和线缆连接**

在模拟器中按图 10.3 所示的拓扑图选择设备(路由器为 2811),完成线缆连接。

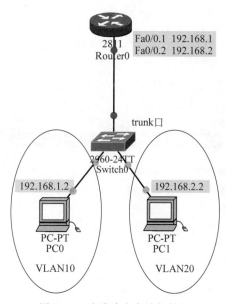

图 10.3　独臂路由实验拓扑图

**表 10.1　接口地址分配表**

| 设 备 名 称 | 接　　口 | IP　地　址 | 子 网 掩 码 | 默 认 网 关 |
|---|---|---|---|---|
| PC0 | 网卡 | 192.168.1.2 | 255.255.255.0 | 192.168.1.1 |
| PC1 | 网卡 | 192.168.2.2 | 255.255.255.0 | 192.168.2.1 |
| R0 | Fa0/0.1 | 192.168.1.1 | 255.255.255.0 | 无 |
| | Fa0/0.2 | 192.168.2.1 | 255.255.255.0 | 无 |

**步骤 2:配置交换机**

(1) 建立 VlAN10 和 VLAN20,将交换机 1~5 号口分配至 VlAN10,将交换机 6~10 号口分配至 VlAN20,配置过程如下:

```
Switch#configure t
Enter configuration commands, one per line.   End with CNTL/Z.
Switch(config)#vlan 10
Switch(config-vlan)#exit
Switch(config)#vlan 20
Switch(config-vlan)#exit
Switch(config)#interface range fastEthernet 0/1 - 5
Switch(config-if-range)#switchport access vlan 10
Switch(config-if-range)#exit
Switch(config)#interface range fastEthernet 0/6 - 10
Switch(config-if-range)#switchport access vlan 20
Switch(config-if-range)#exit
```

(2) 将连接路由器的交换机端口设置为 trunk 工作模式,命令如下:

```
Switch(config)#interface fastEthernet 0/24
Switch(config-if)#switchport mode trunk
//将此端口的工作模式设置为 trunk,以便不同 VLAN 帧通过
Switch(config-if)#switchport trunk allowed vlan 10,20
//设置本端口允许通过的 VLAN 帧
```

(3) 为不同 VLAN 的终端 PC 配置 IP 地址,具体如图 10.4 和图 10.5 所示。

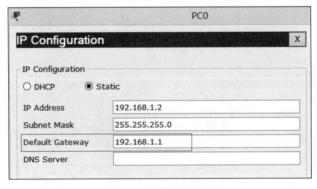

图 10.4　终端 PC0 配置

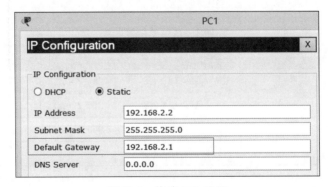

图 10.5　终端 PC1 配置

注意不同的 VLAN 中终端的网关地址配置,该地址必须和交换机上连接的路由器端口

子接口地址对应。

完成以上配置后,测试 PC0 和 PC1 的连通性,并解释结果。

**步骤 3:配置路由器**

路由器的配置主要完成子接口创建,并配置子接口的协议、IP 地址,命令如下:

```
Router#configure terminal
Enter configuration commands, one per line. End with CNTL/Z.
Router(config)#interface fastEthernet 0/0.1
//进入子接口 FastEthernet 0/0.1 的配置,该子接口为 VLAN10 的网关
Router(config-subif)#encapsulation dot1Q 10
//封装 dot1Q 协议
Router(config-subif)#ip address 192.168.1.1 255.255.255.0
//给子接口 FastEthernet 0/0.1 配置 IP 地址,该地址为 VLAN10 的网关地址
Router(config-subif)#no shutdown
Router(config-subif)#exit
Router(config)#interface fastEthernet 0/0.2
Router(config-subif)#encapsulation dot1Q 20
Router(config-subif)#ip address 192.168.2.1 255.255.255.0
Router(config-subif)#no shutdown
Router(config)#interface f0/0
Router(config-if)#no shutdown
//启动 f0/0,注意一定要执行这一步
```

**步骤 4:实验调试**

从 VLAN10 中的终端设备 PC0 依次 ping 其子网网关 192.168.1.1 以及 VLAN 20 的终端 PC1 192.168.2.2,其结果如图 10.6 所示。

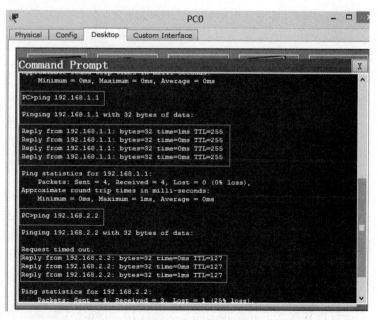

图 10.6　独臂路由测试

由图可知,PC0 和其子网网关正常通信,同时和跨网的 PC1 也正常通信。

# 实验 11　Wireshark 基 础

## 11.1　实验目标

掌握 Wireshark 的使用方法。

## 11.2　实验背景

已经学习了计算机网络的理论知识,掌握了网络中经典协议的原理与作用,也知道了多种协议的数据包格式。但是,真实计算机网络中运行的协议和数据包,和书本上的理论知识一致吗? 通过 Wireshark 抓包实验,可以确认计算机网络的数据包结构和协议的工作原理。此外,对于通信程序的编程工作,Wireshark 可以测试程序的通信状态和功能。所以,掌握 Wireshark 的数据包捕获与分析技能十分重要。

## 11.3　基本原理与概念

Wireshark 是目前主流的网络数据包(又称"分组")分析软件。作为网络嗅探器,它能提取并分析网络分组,并详细显示分组信息。Wireshark 使用 WinPcap 作为接口,直接与网卡进行数据报文交换。Wireshark 的前身是 Ethereal,此后由于商标版权问题,2006 年正式更名为 Wireshark。

网络管理员使用 Wireshark 检测网络出现的故障与问题;网络安全工程师使用 Wireshark 检查信息安全;通信协议开发者使用 Wireshark 为新的通信协议查错、除错;软件工程师使用 Wireshark 抓包,分析、测试自己开发的软件;从事 Socket 编程的工程师会用 Wireshark 来调试程序。

需要说明的是,Wireshark 只能捕获分组并向用户显示详细的分组信息,而不会修改网络分组的内容,本身也不会向网络发送分组。另外,对于网络上的异常流量,Wireshark 不会产生警示或提示。

## 11.4　实验准备

### 11.4.1　获取 Wireshark

虽然互联网上可以搜索并下载 Wireshark 安装程序,但建议在其官网下载最新且稳定的版本。下载时需要注意,选择适合自己操作系统平台的 Wireshark 版本,如图 11.1 所示。Wireshark 的官方下载网站为 http://www.wireshark.org/。

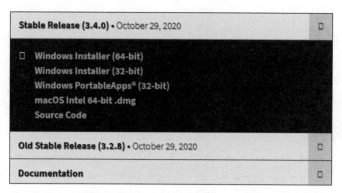

图 11.1  选择合适的 Wireshark 版本

## 11.4.2  打开 Wireshark

安装完成后,双击桌面上的 Wireshark 图标,可进入如图 11.2 所示的 Wireshark 开始界面,该界面上各功能区见图上标注。

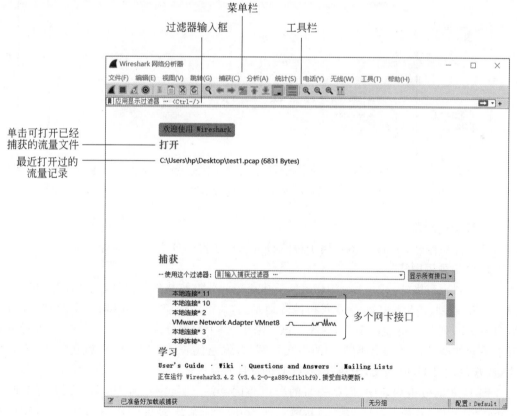

图 11.2  Wireshark 开始界面

## 11.5　实验过程

### 11.5.1　Wireshark 主窗口界面

如图 11.3 所示,如果开始捕获流量或者打开已有的流量文件,Wireshark 主界面自上而下可以分为 5 部分。

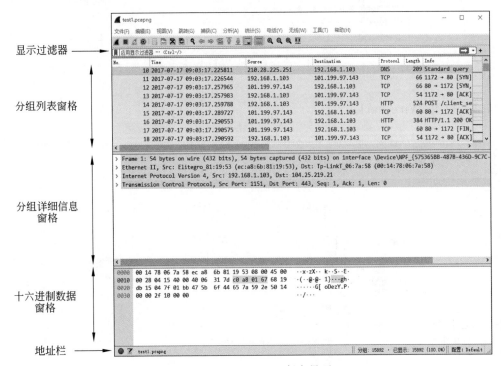

图 11.3　Wireshark 运行主界面

**1. 显示过滤器**

显示过滤器(Display Filter)用于过滤符合筛选条件的分组,默认为空。

**2. 分组列表窗格**

分组列表窗格(Packet List Pane)显示捕获到的分组及其相关信息,包括序号(No.)列、时刻(Time)列、源地址(Source)列和目的地址(Destination)列、协议(Protocal)列、分组长度(Length)列及相关信息(Info)列等。该窗格中,一个数据分组占据一行的位置,各行可能具有不同的颜色,以代表不同类型的报文。例如,绿色代表 TCP 报文,深蓝色代表 DNS 报文,浅蓝色代表 UDP 报文,黑色代表 TCP 的乱序报文。

图 11.3 的分组列表中,以第一行的分组为例,第一列是序号值 10,第二列是捕获时刻 Time(2017-07-17 09:03:17.225811),第三列 Source 是源 IP 地址(210.28.225.251),第四列 Destination 是目的 IP 地址(192.168.1.103),第五列 Protocol 是使用的协议(DNS 协议),第六列 Length 是分组长度(209B)。

**3. 分组详细信息窗格**

分组详细信息窗格(Packet Details Pane)显示分组中的各字段内容。由于分组的详细信息较多,该窗格中采用类似"资源管理器"的"协议树"形式,按 5 层协议体系展示被捕获数据包的详细信息,如分组所属的数据链路层(如 Ethernet Ⅱ)、网络层(Internet Protocol)、传输层以及应用层。如果要显示选定数据包所属的协议信息,用户可以单击展开"协议树"各层,查看各层的详细信息。

**4. 十六进制数据窗格**

十六进制数据窗格(Dissector Pane)在 Wireshark"分组详细信息窗格"的下方,以十六进制表示数据包所有的内容,可以看作数据包在物理层上传输的形式。

**5. 地址栏**

地址栏(Miscellanous)为杂项,此处不再展开。

## 11.5.2　数据捕获基本操作

当用户在一台计算机上安装 Wireshark 软件后,就可以利用它捕获本地计算机网卡上发送和接收的所有数据包。如果用户需要捕获交换机或路由器等网络设备端口上收发的数据包,则需要在相应的交换路由设备上配置"端口镜像",这样可以把需要监控的网络设备端口数据流复制到安装 Wireshark 的主机端口上。有些路由交换设备还支持远程流量监控,能让直连本地交换机的 Wireshark 主机采集到远程交换机端口的流量,相关内容可查阅网络设备的技术手册。下面通过一次具体的数据捕获过程,展示如何使用 Wireshark 软件抓取并分析数据包。

如果计算机有多块网卡(物理网卡可以有多块,笔记本电脑一般同时拥有有线和无线网卡,此外可能还有虚拟机软件生成的虚拟网卡),用户在捕获流量前,首先选择需要的网卡对象。最新版本的 Wireshark 支持在如图 11.4 所示的界面上同步显示各网卡的流量曲线,方便用户观察哪些网卡当前正在获取流量。用户可以单击选取某块网卡,也可以按住 Ctrl 键同时复选多块网卡。本文此处选取"以太网"网卡。注意,计算机设备配备的网卡各有不同,用户侦听捕获的流量需求也不尽相同,所以读者需要自主决定选择何种网卡对象。

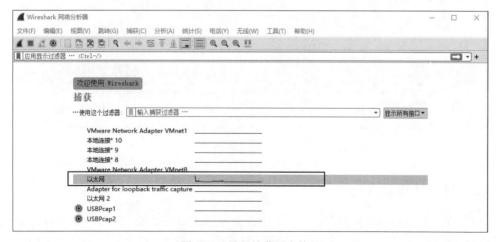

图 11.4　设置捕获网卡接口

确定抓取流量的网卡后,可以选择菜单栏的"捕获"→"选项"选项,注意一定要勾选表格中目的网卡第四列的"混杂"单选按钮;当然也可以勾选 use promiscuous mode on all interfaces 单选按钮,这样可以针对所有网卡勾选"混杂"模式,如图 11.5 所示,否则无法获取内网的其他信息。

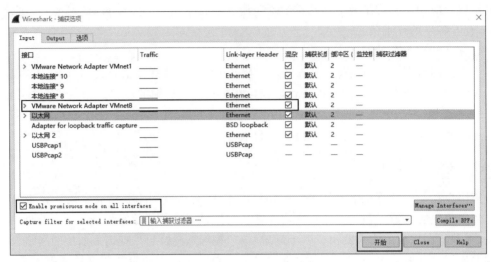

图 11.5　设置"捕获选项"窗口

在图 11.5 所示的窗口中单击"开始"按钮,就可以看到捕获的实时数据陆续显示在分组列表窗格中,捕获一段时间后,可以单击"停止"图标(工具栏中框出的正方形),结束数据捕获,如图 11.6 所示。

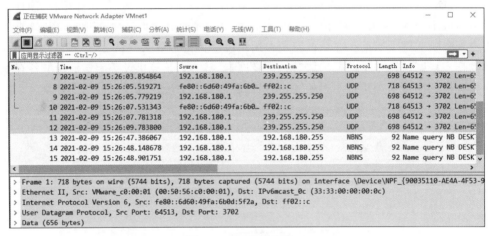

图 11.6　捕获结束窗口

### 11.5.3　显示过滤器

初学者使用 Wireshark 捕获数据时,可能会得到大量的数据,在几千甚至几万条记录中,很难找到需要的信息,因此使用"过滤器"非常重要。例如,读者只对 DNS 报文感兴趣,可以在显示过滤器文本框中输入 DNS,按下 Enter 键,就可以筛选出本次捕获的所有 DNS 报文,如图 11.7 所示。因此,过滤器可以帮助用户在捕获的大量数据包中快速找到需要的信息。

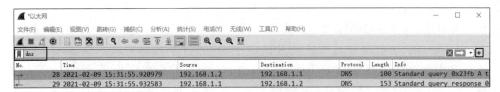

图 11.7　显示过滤器

过滤器有两种。一种是"显示过滤器",即主界面的 Filter 文本框,功能是在已经捕获的分组文件中找到所需要的特定分组,相当于先捕获、再过滤筛选。另一种是"捕获过滤器",功能是直接捕获符合过滤条件的分组,以避免捕获过多的无关分组,方法是在"捕获"→"捕获过滤器"中设置。

**1. 保存过滤表达式**

如图 11.7 所示,在显示过滤器文本框中,输入 Filter 的表达式后,单击＋按钮,可以展开如图 11.8 所示的创建自定义过滤器小窗口。在"标签"文本框中输入该过滤名称,如Filter_1,过滤器文本框中输入过滤表达式,单击 OK 按钮,显示过滤器文本框右侧就多了个Filter_1 的按钮,如图 11.9 所示。保存自定义过滤器的好处是,在以后的捕获中,可以直接应用过滤条件表达式,而不需要重新输入过滤表达式。

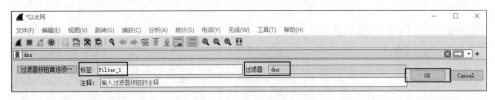

图 11.8　保存过滤表达式

图 11.9　产生的自定义过滤器

**2. 过滤表达式的规则**

如图 11.10 所示,在显示过滤器文本框中输入过滤表达式,需要符合一定的书写规则。

图 11.10　显示过滤器文本框输入过滤表达式

表达式规则如下。

(1) 协议过滤,作用是筛选出用户需要的协议数据报文。如在显示过滤器文本框中输入 TCP,按 Enter 键后,分组列表窗格中只显示 TCP 报文。

(2) IP 地址过滤,作用是筛选出用户需要的源 IP 或目的 IP 地址的报文。如在显示过滤器文本框中输入 ip.src＝＝192.168.1.102,则分组列表中只显示源地址为 192.168.1.102的 IP 数据报。类似地,输入 ip.dst＝＝192.168.1.102,则分组列表中只显示目的地址为 192.

168.1.102 的 IP 数据报。

（3）端口过滤,作用是筛选出用户需要的端口数据报文。如在显示过滤器文本框中输入 tcp.port ＝＝80,则分组列表中只显示端口为 80 的 TCP 数据报文。而输入 tcp.srcport ＝＝ 80,则分组列表中只显示 TCP 的源端口为 80 的 TCP 数据报文。

（4）Http 模式过滤。如在显示过滤器文本框中输入 http.request.method＝＝"GET",则分组列表中只显示 GET 方法的 HTTP 报文。

（5）逻辑运算符为 AND/ OR。如在显示过滤器文本框中输入 ip.src ＝＝192.168.1.101 or ip.dst＝＝192.168.1.101,则分组列表中只显示源地址或者目的地址是 192.168.1.101 的报文。

## 11.5.4 分组列表窗格

分组列表窗格中显示了每个捕获的数据包的基本信息,包括序号、时刻、源 IP 地址、目的 IP 地址、协议类型、数据包长度以及分组信息等,如图 11.11 所示。另外,可以看到 Wireshark 对不同的协议使用不同的颜色显示。用户也可以修改这些显示颜色的规则,在菜单"视图"→"着色规则"选项中设置,如图 11.12 所示。

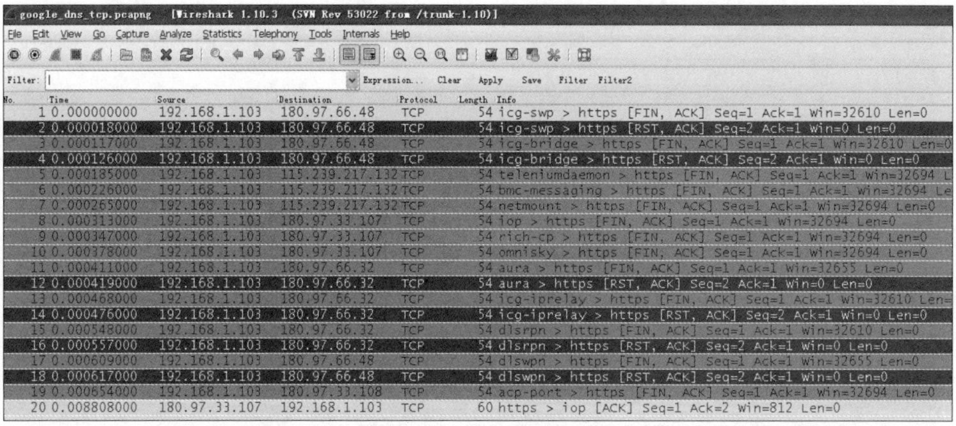

图 11.11　分组列表窗格

除了展示捕获的数据包基本信息之外,分组列表窗格还有一个重要的功能,每条数据记录可以用鼠标点击,也就是说,可以在该窗格内选择某个具体的数据包,当选择了某个数据包之后,可在分组详细信息窗格中展开该分组记录的详细信息,也可以双击该分组记录,软件会新建一个分组详细信息窗格。

## 11.5.5 分组详细信息窗格

分组详细信息窗格参考 TCP/IP 模型,将数据分组包含信息分为 5 层,构成一个完整的协议树,以资源管理器的方式显示选定的数据包所属的协议信息。该窗格中可以查看选中数据包的每一个字段。如图 11.13 所示,各行信息分别有以下含义。

第一行:Frame 20,该行为物理层的数据帧概况。

第二行:Ethernet Ⅱ,该行为数据链路层以太网帧首部信息。

图 11.12　着色规则窗口

第三行：Internet Protocol Version 4，该行为网络层 IP 报文首部信息。

第四行：User Datagram Protocol，该行为传输层 UDP 报文首部信息，根据分组选择的传输层协议的不同，也可能是传输层 TCP 的数据段首部信息。

第五行：Domain Name System，该行为应用层协议（application protocol）的信息，可能是各种不同的应用层协议，如 DNS 协议或 HTTP 等，注意此处不仅有应用层报文首部，也有应用层载荷。

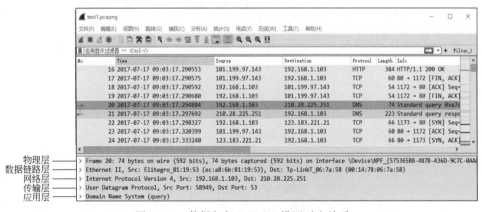

图 11.13　数据包与 TCP/IP 模型对应关系

### 11.5.6　数据包保存及导出

捕获数据后,如果要保存从网络中抓取的数据,可以在 Wireshark 中保存为文件。步骤为:选择菜单栏的"文件"→"保存"选项,Wireshark 支持的文件存储格式非常多,默认使用的保存类型是 pcapng,但出于兼容性的考虑,如果用户希望保存的数据包可以被其他抓包软件打开,建议把保存格式设置为 pcap 格式。

## 11.6　实验思考

(1) 使用 Wireshark 捕获身边计算机的数据包,尝试浏览其中的内容。

(2)《计算机网络》教材中介绍了 OSI 模型和 TCP/IP 模型,通过抓包实践,目前互联网中传输的数据包都是基于哪一种模型? 试分析其原因。

# 实验 12　常用网络命令

## 12.1　实验目标

（1）掌握 ipconfig 命令的格式与使用。

（2）掌握 ping 命令的格式与使用。

（3）掌握 netstat 命令的格式与使用。

（4）掌握 tracert 命令的格式与使用。

## 12.2　实验背景

单位的网站无法访问，可能发生故障的设备包括客户端、若干路由器和网站服务器，读者需要利用常用网络命令，排查故障可能发生的位置。

## 12.3　基本原理与概念

### 12.3.1　概述

在学习和使用计算机网络过程中，仅仅通过操作系统的图形化界面查看本机网络通信相关信息是远远不够的，作为计算机网络的管理与使用人员，必须掌握常用的网络命令，以此获取本机或远程通信设备的基本情况。

### 12.3.2　ipconfig 命令

ipconfig 是查看本地计算机网络配置参数的常用命令，通常使用它显示计算机网络适配器（俗称网卡）的 IP 地址、子网掩码及默认网关。ipconfig 附带 /all 参数时，则显示所有网络适配器的完整 TCP/IP 配置信息。

命令格式为 ipconfig，例如 ipconfig 或 ipconfig /all。

### 12.3.3　ping 命令

互联网分组探索器（packet internet groper，ping）是用于测试网络连通性的程序。ping 是工作在 TCP/IP 网络体系结构中应用层的一个命令，主要作用是向特定目的主机发送 ICMP（Internet control message protocol，因特网控制消息协议）echo 请求报文，测试目的主机是否可达及了解其有关状态。

ping 命令可以用于确定本地主机是否能与另一台主机成功交换（发送与接收）数据包，再根据返回的信息，推断 TCP/IP 参数是否设置正确，以及运行是否正常、网络是否通畅等。

命令格式为 ping IP 地址或 ping 网站域名,例如:ping 192.168.1.100 或 ping www.ntu.edu.cn。

### 12.3.4  netstat 命令

netstat 是一个监控 TCP/IP 网络的程序,它可以显示路由表、实际的网络连接以及每一个网络接口设备的状态信息。netstat 可用于显示与 IP、TCP、UDP 和 ICMP 相关的统计数据,一般用于检验本机各端口的网络连接情况。

netstat 命令可以让用户查看有哪些网络连接正在运作。使用时如果不带参数,netstat 显示活动的 TCP 连接。

命令格式为 netstat [-a][-e][-n][-o][-p protocol][-r][-s][interval],各参数的具体含义如下。

-a:显示所有连接和侦听端口,服务器连接通常不显示。

-e:显示以太网统计。该参数可以与-s 选项结合使用。

-n:以数字格式显示地址和端口号(而不是尝试查找名称)。

-s:显示每个协议的统计,默认情况下,显示 TCP、UDP、ICMP 和 IP 的统计,-p 选项可以用来指定默认的子集。

-p protocol:显示由 protocol 指定协议的连接情况,如果与-s 选项联合使用,则显示每个协议的统计,protocol 可以是 TCP、UDP、ICMP 或 IP。

-r:显示路由表的内容。

interval:重新显示所选的统计,在每次显示之间暂停 interval 秒,按 Ctrl+B 键停止重新显示统计,如果省略该参数,netstat 将打印一次当前的配置信息,例如 netstat -a。

### 12.3.5  tracert 命令

tracert 是一个路由跟踪(trace router)程序,用于确定 IP 数据包访问目标所经过的路径。tracert 命令利用 IP 报文中的生存时间(time to live,TTL)字段和 ICMP 错误消息来确定从一台主机到网络上其他主机的路由节点信息。

源端主机向目的主机发送包含不同 IP 生存时间初始值的 ICMP 请求数据包,由于路径上的每台路由器在转发数据包之前会将数据包上的 TTL 值递减 1,当数据包上的 TTL 值减为 0 时,路由器负责将"ICMP 已超时"的消息发回源端。反复利用上述过程,tracert 诊断程序借此确定到目的主机所经过的路径(路由)。

命令格式为 tracert IP 地址或 tracert 网站域名,例如:tracert 192.168.1.100 或 tracert www.ntu.edu.cn。

## 12.4  实验准备

(1)准备一台安装 Packet Tracer(以下简称 PT)软件的计算机。

(2)准备一台连通互联网的计算机。

## 12.5　实验过程

**1. 情境 1**

某公司有一台闲置的办公计算机 A,现在需要查看这台计算机的网络配置与参数。请利用 ipconfig 命令获取有关参数,使用 PT 软件打开实验附件 12.1.pkt 文件。

(1) 双击 PT 工作区的计算机 A 图标,在 Desktop 选项卡中单击 Command Prompt 图标,打开模拟器命令提示符窗口。

注:对于真实的计算机,是在 Windows 开始菜单"运行"文本框中输入 cmd,按 Enter 键打开命令提示符窗口。如果是 Windows 10 系统,则单击"开始"菜单,然后直接输入 cmd,按 Enter 键就可以打开命令提示符窗口,如图 12.1 所示。

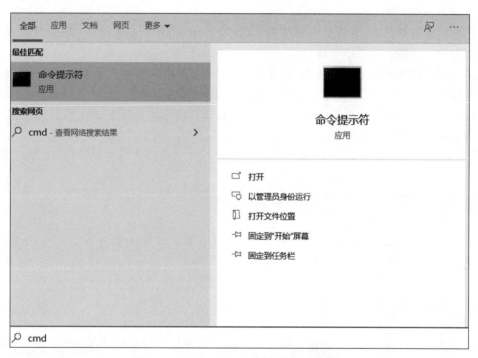

图 12.1　Windows 10 打开命令提示符窗口

(2) 在 PT 软件的命令提示符窗口中输入 ipconfig 命令,则 Ethernet Adapter(本地连接)中,显示的 IP 地址、subnet mask、Default Gateway 分别是什么?

(3) 如果要查询更多的网络信息,可在 cmd 对话框中输入 ipconfig /all,则显示的 host name、physical address、DNS、DHCP Enabled、DHCP Server 分别是什么?

(4) 对于真实的计算机,输入 ipconfig /all 命令,host name、physical address、DNS、DHCP Enabled、DHCP Server 分别是什么?

(5) 为提高网站的访问速度,主机会在成功访问某网站后,将该网站的域名、IP 地址信息缓存到本地。下次访问该域名时直接通过查询本地缓存的 IP 地址进行访问,而无须再查询 DNS 服务器。当网站的域名没有变化,但 IP 地址发生变化,有可能因本地的 DNS 缓存没有刷新导致主机无法访问。这时可以试着刷新本地的 DNS 缓存,命令格式为 ipconfig/flushdns,看能否解决无法访问网站的问题。

**2. 情境 2**

某学校的校内计算机 PC1 无法访问学校 Web 服务器(域名 www.yy.edu.cn,IP 地址为192.168.10.8),请打开实验附件 12.2.pkt 文件,调查 Web 无法访问的原因,并尝试排除本故障。

(1) 直接在浏览器地址栏中输入 192.168.10.8,查看反馈结果是什么。这代表什么样的故障原因?

(2) 使用 ping 命令逐段测试 PC1 与主页 Web 之间网络的连通性,思考造成网络故障的位置是何处,其原因又是什么。

(3) 通过在实验附件 12.1.pkt 中进行何种设置,就可以 ping 通并访问学校主页?

**3. 情境 3**

在情境 2 的基础上,成功访问学校主页,再用 ping 命令测试该站点。请继续查看本机PC1 与远程主机的连接与侦听端口情况。

(1) 执行 netstat -r 命令,返回的结果是什么(注:接口列表仅需写出物理网卡信息,活动路由仅需写出第一条,永久路由仅需写出一条,IPv6 信息无须写出)?

(2) 在真实的计算机上,执行 netstat -a 命令,返回的结果是什么(注:仅需写出本机 IP直接相关的 5 条)?

(3) 在真实的联网计算机上,执行 netstat 命令,返回的结果是什么(注:仅需写出前 5条)?

注:可按 Ctrl+Break 键或 Ctrl+C 键中止输出。

**4. 情境 4**

在情境 2 的基础上,使用 tracert 命令,测试 PC1 主机与 Web 服务器之间转发的跳数。

执行 Tracert 命令,返回的结果是什么?

## 12.6 实验思考

(1) 在自己的计算机上,利用 ipconfig 命令,获取本机的网络状态及参数。

(2) 在自己的计算机上,利用 ping 命令,测试本机与 www.baidu.com 的连通性。

(3) 在自己的计算机上,利用 tracert 命令,测试本机与 www.baidu.com 的跳数情况。

# 实验 13　数据链路层帧分析

## 13.1　实验目标

（1）掌握 PPP 帧分析方法。
（2）掌握以太网 v2 协议帧分析方法。

## 13.2　实验背景

某 IT 公司的网络工程师,现在需要排查单位内部路由器之间的 PPP 帧传输是否正常。如果正常,请继续排查部门局域网的以太网帧传输是否正常。

## 13.3　基本原理与概念

### 13.3.1　PPP 概述

点对点协议(point to point protocol,PPP)是现在使用广泛的数据链路层协议。许多路由器中的 Serial 接口,其链路运行的协议就是 PPP。用户通过 PPP 实现终端与互联网服务提供商(internet service provider,ISP)的通信。PPP 没有流量控制与差错控制,只支持全双工、点对点的链路通信。PPP 支持多种网络协议,例如 TCP/IP 与 NetBEUI 等。由于没有重传的机制,PPP 开销小,速度快,可用于多种类型的物理介质,包括串口线、电话线、移动电话和光纤,也可用于 Internet 接入。

### 13.3.2　PPP 帧格式

如图 13.1 所示,PPP 帧由 3 部分组成,依次是帧首部、帧体(又称"信息部分")与帧尾部。PPP 帧的首部分为 4 个字段,帧的尾部分为 2 个字段。

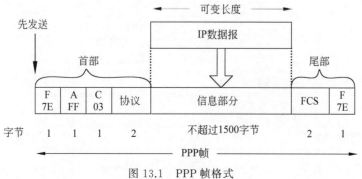

图 13.1　PPP 帧格式

帧首部中的第一个字段为标志字段 F(Flags),长度为 1B,规定为十六进制数 7E(对应的二进制数是 01111110),该标志字段表示一个帧的开始。

帧首部中的第二个字段是地址字段 A(Address),长度为 1B,规定为十六进制数 FF(对应的二进制数是 11111111)。

帧首部中的第三个字段是控制字段 C(Control),长度为 1B,规定为十六进制数 03(对应的二进制数是 00000011)。

需要说明的是,由于上述两个字段(地址字段 A 与控制字段 C)至今没有定义其他值,所以并没有实际使用,可以认为它们并不携带实际意义的数据。

帧首部中的第四个字段为协议字段,长度为 2B,表示 PPP 帧载荷部分的上层协议类型,当该协议字段设为十六进制数 0021 时,代表 PPP 帧体(信息部分)中是 IP 数据报。

帧体(信息部分)长度可变,最大长度为 1500B。

帧尾部中的第一个字段为帧检验序列 FCS,长度为 2B,供接收方接收帧后,检验可能的传输错误。

帧尾部中的第二个字段为标志字段 F(Flags),长度为 1B,规定为十六进制数 7E(对应的二进制数是 01111110),该标志字段表示一个帧的结束。

### 13.3.3　以太网 v2 协议概述

以太网(Ethernet)是由 Xerox 公司创建并由 Xerox、Intel 和 DEC 公司联合开发的一种局域网。此后通过激烈竞争,以太网在局域网市场中获得垄断地位,以太网协议也因此成为局域网中最主流的通信协议标准。作为一种局域网数据链路层通信协议,它主要定义了电缆类型与信号处理方式(CSMA/CD)。早期,IEEE(电气电子工程师学会)将数据链路层分为 MAC 子层和 LLC 子层。但由于技术标准的变更,以太网 v2 协议成为事实上的数据链路层标准,硬件制造商已经将 LLC 子层协议去除,数据链路层与 MAC 子层基本已没有区别。所以在以太网中,又可以将数据链路层的数据帧称为 MAC 帧。由于具备性能好、简单、成本低、可扩展性强、与 IP 网结合好等特点,以太网技术获得了极其广泛的应用。

### 13.3.4　以太网 v2 协议帧格式

如图 13.2 所示,以太网 MAC 帧结构由 3 部分组成,依次是帧首部、帧体与帧尾部。MAC 帧的首部分为 3 个字段,帧的尾部仅 1 个字段。

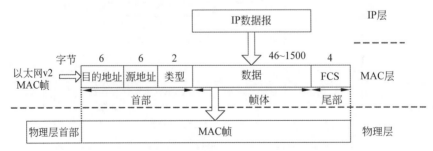

图 13.2　以太网 v2 协议帧格式

帧首部的第一个字段是目的 MAC 地址,长度为 6B,填充内容为该帧发往目的主机的 MAC 地址。

帧首部的第二个字段是源 MAC 地址,长度为 6B,填充内容为该帧来自源主机的 MAC 地址。

帧首部的第三个字段是类型字段,长度为 2B,填充内容为上一层(网络层)使用的协议名称。对于 IP 报文来说,该字段值是十六进制数 0800;对于 ARP 报文来说,该字段的值是十六进制数 0806。

帧体,又称有效载荷,承载的是网络层传输下来的报文,帧体的长度可变,范围为 46～1500 字节的数据。

帧尾部是检验字段,长度为 4B,供接收方接收帧后,检验可能的传输错误。需要说明的是,Wireshark 有时候并不向用户显示帧尾的帧检验字段,因为检验已经在网卡上计算完成。另外,传输过程中出错的数据帧,在接收端未能通过检验计算,因此网卡直接将其丢弃,高层的用户自然无法看到。而通过检验计算的正确数据帧,则没有必要向高层用户展示检验字段,因为用户能看到该帧,本身就说明它的传输没有错误。

## 13.4　实验准备

本实验捕获的 PPP 帧与以太网帧,分别保存在实验附件 13.1_ppp.pcap 文件与实验附件 13.2_mac.pcap 文件中。

## 13.5　实验过程

使用 Wireshark 打开以上两个流量文件,分析其帧结构与携带信息,按以下步骤中完成实验,并回答下列问题(注意:"代表含义"需要回答字段值具体内容的含义,而非字段名称或字段作用)。

### 13.5.1　PPP 帧分析实验

打开 13.1_ppp.pcap 文件,选择第 49 号 PPP 帧。

帧首部中的第一个字段的名称是什么?该字段长度是多少?填充内容及其代表含义分别是什么?试分析该字段出现或消失的原因是什么。

帧首部中的第二个字段的名称是什么?该字段长度是多少?填充内容及其代表含义分别是什么?

帧首部中的第三个字段的名称是什么?该字段长度是多少?填充内容及其代表含义分别是什么?

帧首部中的第四个字段的名称是什么?该字段长度是多少?填充内容及其代表含义分别是什么?

帧体(信息部分)长度为多少字节?最大长度为多少字节?

### 13.5.2 以太网帧分析实验

（1）打开 13.2_mac.pcapng 文件，选择第 1021 号以太网帧（ARP 请求）。

该以太网帧首部合计多少字节？

目的 MAC 地址的长度是多少？填充内容及其代表含义分别是什么？

源 MAC 地址的长度是多少？填充内容及其代表含义分别是什么？

帧类型的长度是多少？填充内容及其代表含义分别是什么？

**注意**：以上 3 个字段组成了以太网帧首部，帧首部后面则是以太网帧的载荷数据。

（2）选择第 787 号以太网数据帧（ICMP 请求）。

该以太网帧首部合计多少字节？

目的 MAC 地址的长度是多少？填充内容及其代表含义分别是什么？

源 MAC 地址的长度是多少？填充内容及其代表含义分别是什么？

帧类型的长度是多少？填充内容及其代表含义分别是什么？

**注意**：以上 3 个字段组成了以太网帧首部，帧首部后面则是以太网帧的载荷数据。

## 13.6 实验思考

比较并分析以太网帧与 PPP 帧各自特点。

# 实验 14　IP 数据报分析

## 14.1　实验目标

（1）理解 IP 工作原理与作用。

（2）掌握 IP 数据报格式与分片方法。

## 14.2　实验背景

IP 是互联网技术的基石。互联网中的分组交换都是基于 IP 数据报的。掌握 IP 和 IP 数据报格式的知识，对理解计算机网络工作原理非常重要。

## 14.3　基本原理与概念

### 14.3.1　IP 概述

早期的计算机网络各自独立搭建，并没有过多考虑这些网络的互联互通问题。随着计算机网络的发展，网络之间互联的需求越来越迫切。当初各自基于不同技术原理搭建的计算机网络互联时，就可能存在不兼容现象。IP（internet protocol，互联网协议）设计的初衷就是支持多个网络互联，以克服异构网络的数据格式不兼容问题。它首先定义了 IP 地址这一逻辑概念，屏蔽了不同物理网络地址异构的问题；其次把在源 IP 地址和目的 IP 地址之间传输的数据单元称为 IP 数据包或 IP 数据报；最后为了适应不同物理网络对分组大小的要求，IP 还可以根据下一跳网络的数据传输单元尺寸要求，重新组装。

IP 是一种非可靠、尽力而为的传输服务，不提供端到端的或点（路由）到点（路由）的确认，对数据没有差错控制，它只使用报头的检验码，不提供重发和流量控制。这样可以减小路由器开销，起到加速转发的作用。如果 IP 数据报在传输过程中出错，则设备可以通过 ICMP 向源端报告，ICMP 报文可置于 IP 数据报的载荷中以实现传输。

IP 主要实现两个基本功能：寻址和分段。首先，IP 根据数据报首部中填写的目的 IP 地址将数据分组传送到目的主机，由于源主机与目的主机之间可能存在多个中间网络，在此过程中 IP 负责选择传送的道路，这种道路选择称为路由。其次，如果某些网络内只能传送小数据报，IP 可以将数据报重新组装并在报文首部的相关字段内注明，以适应不同网络对数据报大小的限制。需要说明的是，对 IP 而言，数据报之间并无联系，IP 只是在尽力而为、孤立地传输每个 IP 数据报。

### 14.3.2　IP 地址

#### 1. IP 地址的作用

要实现通信，首先必须明确参与通信的各方身份，类似于身份证号或信件地址。互联网是由数千万台计算机(主机)互相连接而成的。为了实现各主机间的通信,每台主机都必须有一个唯一的网络地址,该地址就被称为 IP 地址。

**2. IP 地址的构成**

IP 地址是一个 32 位的二进制数,可以分为 4 组,每组 8 位,这样每组就可以用 1 个字段表示或存储,每组之间由小数点分开,这样就构成了"点分二进制"。为了便于人们记忆,把用点分开的每个字段再转换为十进制数值,其每个字段的范围是 0~255,如 192.168.1.1 或10.10.255.255,这种书写方法称为"点分十进制"。

### 14.3.3 IP 数据报格式

**1. IP 数据报概念**

IP 定义了一个在互联网上传送的数据传输单元,称为 IP 数据报(IP datagram)或分组,俗称数据包或包。它由 IP 首部和数据载荷两部分组成。IP 数据包格式如图 14.1 所示。首部的第一部分是固定长度,共 20B,是所有 IP 数据报都具有的。首部的第二部分是一些可选字段,其长度是可变的,但一定是 4B 的整数倍。首部中的源地址和目的地址都是 IP地址。

图 14.1　IP 数据报格式

**2. IP 数据报首部格式简介**

IP 数据报格式如图 14.1 所示,其首部固定长度部分由以下字段组成。

协议版本字段(4b)+首部长度字段(4b):高 4 位代表 IP 的版本号,例如 IPv4 版本;低4 位代表首部长度,这个字段所表示数值的最小单位是 4B,所以 IP 报文的首部长度字段长度一定是 4B 的整数倍。

服务类型或区分服务(1B):默认不使用。

总长度(2B):首部和数据载荷之和的长度,单位为 B。

标识(Identification)(2B):当网络层 IP 数据报长度大于下层 MTU(例如以太网 MAC帧长度)时,需要分片切割 IP 数据报,为了标识分片切割后的 IP 数据报,使用该字段作标识,以便接收方根据标识再重新组装分片的 IP 数据报。注意该字段在接收端并没有按序号接收与查错的作用。

标志(Flags)(3b)+片偏移(13b):合计 2B,作用是标志是否分片与分片后如何重组(前后关系)。

生存时间(Time to Live)(1B):路由器读取该字段,以判断该数据报是否在网络中传输时间过长而应该被丢弃。

协议(Protocol)(1B):协议字段指出此数据报携带的应用载荷使用的是何种上层协议。

首部检验和(2B):路由器在接收并转发数据报之前,只检验数据报的首部。

源 IP 地址(4B):发送该 IP 数据报的源主机 IP 地址,注意该地址字段不会随着各路由器转发而改变。

目的 IP 地址(4B):接收该 IP 数据报的目的主机 IP 地址,注意该地址字段不会随着各路由器转发而改变。

**3. IP 数据报示例**

打开实验附件 14.1_test.pcapng 文件,如图 14.2 所示。双击第 2553 号报文所在行,打开如图 14.3 所示的分组详细信息窗口。

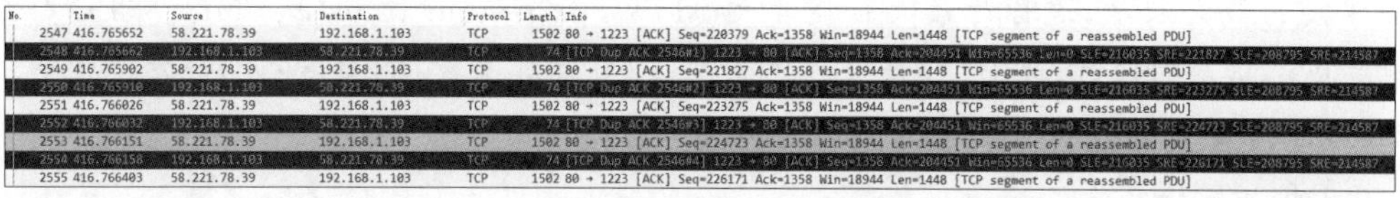

图 14.2　捕获的 IP 数据报

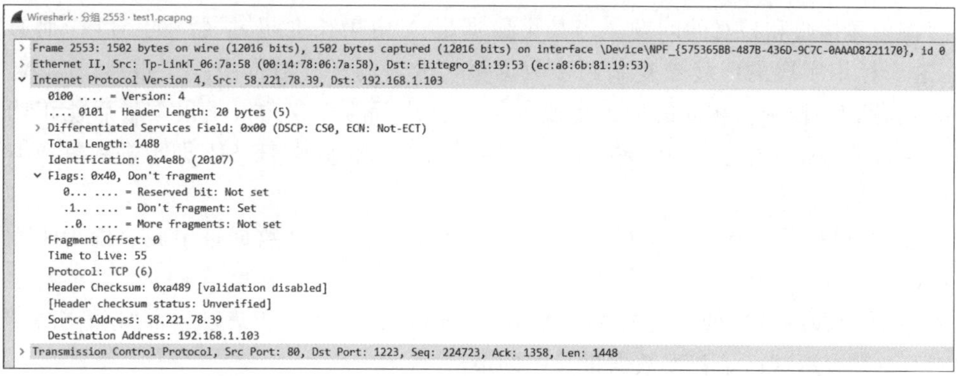

图 14.3　分组详细信息窗口

1) 分析 IP 数据报首部

(1) IP 版本(4b)。

数据报首字节的高 4 位为协议版本字段,内容为 0100,代表 IPv4 协议版本。通信双方使用的 IP 版本必须一致。

(2) IP 数据报首部长度(4b)。

数据报首字节的低 4 位为首部长度字段,内容为 0101,即 IP 数据报首部长度为 5×4=20B。

该字段可表示的最大十进制数值是 15。请注意,这个字段所表示数的最小单位是 4B,因此,当 IP 的首部长度为 1111 时(即十进制数 15),首部长度就达到 60B。当 IP 数据报的首部长度不是 4B 的整数倍时,必须利用最后的填充字段加以填充。因此数据载荷部分会在 4B 的整数倍位置开始。首部长度限制为 60B 的目的是尽量减少开销。最常用的首部长度就是 20B(即首部长度填充内容为 0101),这时 IP 数据报首部不使用任何可选项。

可见,该 2553 号的 IP 数据报首部为固定长度 20B,没有可变长度的可选字段内容。

(3) 区分服务(1B)。

区分服务用来获得更好的服务。这个字段在旧标准中叫作服务类型,但实际上一直没有被使用过。1998 年 IETF 把这个字段改名为区分服务 DS(differentiated services)。只有在使用区分服务时,这个字段才起作用,默认 8 位全 0。本 IP 数据报中此字段全 0,代表未使用任何区分服务。

(4) 总长度字段(2B)。

总长度指首部和数据载荷的合计长度,单位为 B。因此数据报的最大长度为 $2^{16}-1=65535$B。本数据报中此字段为 05 D0,代表本 IP 数据报总长 1488B。

**注意**:在 IP 层下面的每一种数据链路层协议都有自己的帧格式,其中包括帧格式中的数据字段的最大长度,这称为最大传送单元 MTU(maximum transfer unit)。当一个数据报封装成链路层的帧时,此 IP 数据报的总长度(即首部加上数据载荷部分)一定不能超过数据链路层的 MTU 值。

(5) 标识(2B)。

IP 在 IP 源端存储器中维持一个计数器,每产生一个数据报,计数器就加 1,并将此值赋给标识字段。但这个“标识”值并不是传输 IP 报文的序号,这是因为 IP 是无连接服务,数据报不存在按序接收和核对的问题。当某个数据报 A 由于长度超过网络的 MTU 而必须分片时,这个标识字段的值就被复制到该数据报切分后的所有数据报片子报文{$A_1, A_2, A_3$, …, $A_n$}的标识字段中。相同的标识字段的值使分片后的各数据报子报文最后能正确地重装成为原来的数据报 A。本 IP 数据报中此字段为十六进制数 4E 8B,即十进制数 20107。

(6) 标志。

占 3 位,但目前只有低 2 位有意义,最高位无意义。本 IP 数据报中此字段为十六进制数 40,即二进制数 010。

① 标志字段中的最低位记为 MF(More fragment)。MF=1 表示后面“还有分片”的数据报;MF=0 表示这已是若干数据报片中的最后一个。

② 标志字段中间的一位记为 DF(Don't fragment),意思是“不能分片”。只有当 DF=0 时才允许分片。

(7) 片偏移(Fragment Offset)。

占 13 位,本 IP 数据报中此字段为十六进制数 00。片偏移的作用是,长度较大的原始 IP 数据报在分片后,记录某分片在原数据报中的相对位置。换言之,以原始 IP 数据报的数据载荷第一位为 0 起点,该分片的数据载荷首位从何处开始。片偏移以 8B 为偏移单位。除了最后一个分片,每个分片的长度一定是 8B(64b)的整数倍。

结合以上两个字段,“标志”与“片偏移”两个字段合计 2B,本 IP 数据报中上述两个字段为十六进制数 40 00,即 0100 0000 0000 0000。高 3 位 010 中,次高位为 1 代表不能分片。因为不分片,所以不存在片偏移,剩余 13 位全 0。

(8) 生存时间(1B)。

生存时间字段的英文缩写是 TTL(time to live),表明 IP 数据报在网络中的寿命。由发出数据报的源节点设置这个字段的初始数值,目的是防止无法到达最终目的节点的数据报无限制地在网络中转发,消耗网络资源。

最初的生存时间字段是以秒作为 TTL 的单位。每经过一个路由器时,就把 TTL 减去 IP 报文在路由器消耗掉的一段时间。若 IP 数据报在路由器消耗的时间小于 1 秒,就把 TTL 值减 1。当 TTL 值为 0 时,就丢弃这个数据报。

此后,IP 把 TTL 字段的功能改为"跳数限制"(但名称不变)。路由器在转发数据报之前就把 TTL 值减 1。若 TTL 值减少到 0,路由器就丢弃这个数据报,不再转发。因此,现在 TTL 的单位不再是秒,而是跳数。TTL 的含义变成了说明 IP 数据报在网络中至多可经过多少台路由器。显然,数据报在网络上经过路由器的最大数值是 255。若把 TTL 的初始值设为 1,就表示这个数据报只能在本局域网中传送。

本 IP 数据报中 TTL 字段为十六进制数 37,即十进制数 55,代表本数据报到达捕获主机时,其 TTL 减为 55。

(9)协议(1B)。

协议字段指出此数据报携带的载荷数据使用何种上层协议,以便目的主机的 IP 层知道应将数据部分上交给何种上层协议,例如 TCP 或 UDP。

本 IP 数据报中此字段为十六进制数 06,即十进制数 6,代表 IP 数据报的上层数据协议为 TCP。

(10)首部检验和(2B)

首部检验和字段只用于检验数据报的首部,而不包括数据载荷部分。这是因为数据报每经过一台路由器,路由器都要重新计算一下首部检验和(一些字段,如生存时间、标志、片偏移等都可能发生变化)。不检验 IP 数据报的数据载荷部分,可减少计算的工作量,加快 IP 数据报的转发速度。

(11)源地址(4B)。

本 IP 数据报中,源地址字段为十六进制数 3A DD 4E 27,即源 IP 地址 58.221.78.39。

(12)目的地址(4B)。

本 IP 数据报中,目的地址字段为十六进制数 C0 A8 01 67,即目的 IP 地址 192.168.1.103。

2)分析 IP 报文数据载荷

此处不再展开分析。

## 14.4　实验准备

本实验捕获的 IP 数据报,保存在实验附件 14.2_IP.pcapng 中。

## 14.5　实验过程

### 1. 情境 1

某公司网管通过交换机镜像获取了一台可疑主机的流量,随后保存为 14.2_IP.pcapng 文件。请分析该流量文件的第 834 号数据报文,找到 IP 数据报的首部,思考相应内容并分析其含义。

该数据报的版本号字段值及其代表含义分别是什么？如果某 IP 数据报的版本号字段值为 0110,则代表该报文属于什么类型的报文？

该数据报的首部长度字段值及其代表含义分别是什么(提示：IP 规定,该字段所表示数的单位为 4 字节)？

该数据报的总长度字段值及其代表含义分别是什么？该字段总长度是多少？IP 数据报的最大总长度是多少？

该数据报的标识字段值代表含义分别是什么？

该数据报的标志字段值含义分别是什么？其中 MF 位、DF 位的数值代表含义分别是什么？

该数据报的片偏移(Fragment Offset)字段值及其代表含义分别是什么？该主机所连接的二层网络,最可能的是什么类型的数据链路层网络？

该数据报的生存时间字段值及其代表含义分别是什么？发出该 IP 数据报的终端服务器,最不可能的操作系统是什么(提示,几种常见的操作系统的 TTL 初始值：WINDOWS NT/2000 的 TTL=128;WIN7 的 TTL=64;LINUX 的 TTL=64)？

该数据报的协议、源地址、目的地址的字段值及其代表含义分别是什么？首部检验和的字段值及其作用分别是什么？

**2. 情境 2**

该网管在尝试使用 ping 命令查找定位可能的网络故障,请分析流量文件 14.2_IP. pcapng 的第 1023 号与 1024 号 ICMP 报文,思考相应内容并分析其含义。

(1) ICMP 请求报文。

该报文的类型(Type)、代码(Code)的字段值及其代表含义分别是什么？

该报文的检验和、标识符(Identifier)、序列号(Sequence number)的字段值及其作用分别是什么？

(2) ICMP 应答报文。

该报文的类型、代码的字段值及其代表含义分别是什么？

该报文的检验和、标识符、序列号的字段值及其作用分别是什么？

根据上述格式,自己捕获并分析 ICMP 差错报文(超时、目标不可达)。

# 14.6 实验思考

IP 数据报结构设计有哪些优缺点？

# 实验 15　UDP 报文分析

## 15.1　实验目标

（1）理解 UDP 工作原理与作用。
（2）掌握 UDP 报文的分析方法。

## 15.2　实验背景

一日，某学校一研究室的一台普通台式机出现上网缓慢、机器卡顿的现象，导致用户无法使用该计算机上网。在接到故障报告后，网络管理员通过现场查看，发现故障计算机在断网状态下的本地操作基本正常，但只要连接网络，网页响应就异常缓慢，QQ 即时通信软件也无法正常使用。研究室的另外几台台式机则可以正常上网。

请根据以上的信息，结合查看得到的计算机情况，分析故障的原因，给出解决办法。

## 15.3　基本原理与概念

### 15.3.1　UDP 概述

用户数据报协议（user datagram protocol，UDP）是计算机网络体系模型中一种无连接的传输层协议，提供面向事务的、简单、不可靠信息传送服务，UDP 在 IP 报文中的协议号是 17。

无论在 OSI 参考模型还是在 TCP/IP 模型中，UDP 和 TCP（transmission control protocol）都属于传输层协议，它们均位于网络层 IP 的上一层，且位于应用层协议的下一层。

作为无连接的传输层协议，UDP 只是对上层（应用层）下达的数据，添加一个总计 8B 的 UDP 报文首部。一般不提供数据包分拆、组装，也不对数据包进行排序。但由于数据链路层以太网帧的数据载荷部分最大长度必须在 1500B 以内，一般 UDP 的最大长度就是以太网数据帧最大长度（1500B）减去 IP 报文首部 20B，再减去 UDP 报文首部 8B，即 $1500-20-8=1472B$。报文发送后，UDP 源端不会再关心它们的传输和接收情况。由于无须确认发送的 UDP 报文是否安全完整地到达目的地，UDP 可以用来支持那些需要在计算机之间快速传输数据，又对数据传输准确率要求不高的网络应用，例如语音、视频等服务。此外，QQ 的消息信息一般也使用 UDP。UDP 从问世至今已被使用多年，虽然也有不可避免的缺点，但随着以光纤为代表的网络传输介质可靠性大幅提高，底层误码率不断下降，UDP 仍然是一项非常实用的传输层协议。

### 15.3.2　UDP 特点

在传输过程中,UDP 报文没有可靠性保证、顺序保证和流量控制,可靠性较差。但是由于 UDP 不属于连接型协议,其控制选项较少、资源消耗小,在数据传输过程中延迟小、数据传输效率高、处理速度快,适合对可靠性要求不高的数据传输应用。所以传输音频、视频等数据时一般使用 UDP,因为即使丢失少量报文,也不会对接收结果产生太大影响,用户更关心的是数据传输是否流畅。但在网络质量不佳的环境下,UDP 数据包丢失会比较严重。所以在通信编程开发时,选择 UDP 必须要谨慎。

### 15.3.3　UDP 报文格式

一个 UDP 报文,分为 UDP 报文首部和 UDP 数据载荷两部分。UDP 报文首部由 4 个字段组成,其中每个字段各占 2B,分别填充报文的源端口、目的端口、报文长度以及检验值,因此 UDP 报文首部合计 8B,具体如图 15.1 所示。

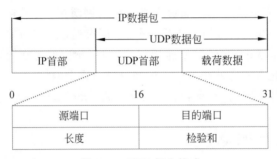

图 15.1　UDP 报文格式

(1) 源端口号(2B)。

与 TCP 的源端口性质及作用类似,UDP 使用端口号为不同的应用保留各自的数据传输通道。源主机将 UDP 数据包通过源端口发送出去,而目的主机则通过目的端口接收数据。由于端口号的有效范围为 0~65535,所以 UDP 报头使用 2B 存放源端口号。

(2) 目的端口号(2B)。

与 TCP 的目的端口性质及作用类似,在此不再赘述。

(3) UDP 报文长度(2B)。

UDP 报文长度是指包括报文首部和数据载荷在内的总字节数。因为报头的长度是固定的(8B),所以该字段主要被用来计算可变长度的数据载荷部分。数据报文的最大长度根据操作环境的不同而各异,但一般受到数据链路层最大数据传输单元的尺寸限制。

(4) 检验值(2B)。

UDP 使用报头中的检验值来保证数据传输的安全。检验值首先在源端通过特殊的算法计算得到,再添加到 UDP 报文头部的检验字段中。报文到达目的主机后,接收端根据接收到的报文内容重新计算检验值。如果某个 UDP 报文在传输过程中被第三方篡改或者由于线路噪声等原因受到损坏,发送方和接收方的检验计算值将无法相符,由此 UDP 接收端可以检测出传输是否出错。需要说明的是,虽然 UDP 提供错误检测,但如果检测到错误,UDP 不做错误校正,更不会要求源端重传,只是简单地把损坏的报文丢弃,或者给应用程序提供警告信息。

利用 Wireshark 软件打开实验附件 15.1_UDP.pcapng 流量文件,以其中第 5 号数据包为例,如图 15.2 所示。

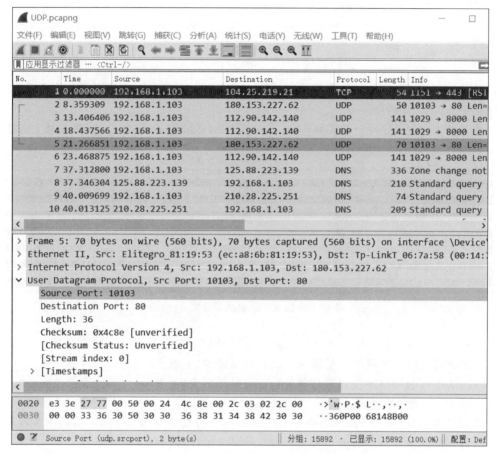

图 15.2　捕获的 UDP 数据报

源端口字段内容为十六进制数 27 77,即十进制数 10103,代表该报文来自端口号为 10103 的源主机。

目的端口字段内容为十六进制数 00 50,即十进制数 80,代表该报文的目的地是端口号为 80 的 Web 应用主机。

长度字段内容为十六进制数 00 24,即十进制数 36,代表 UDP 报文总长度 36B。由于 UDP 报文首部长度固定为 8B,则该 UDP 报文的应用载荷长度为 28B。

IP 报文的首部为 20B。

根据实验 13,以太网 v2(Ethernet Ⅱ)协议的 MAC 帧首部长度为 14B。

所以,第 5 号数据包的总长为数据链路层帧首部 14B+IP 报文首部 20B+UDP 报文首部 8B+应用载荷 28B,合计 70B。

## 15.4　实验准备

准备一台能上网的计算机,安装 Wireshark 抓包软件。

## 15.5　实验过程

使用 Wireshark 软件打开实验附件 15.1_UDP.pcapng 文件,观察正常情况下 UDP 流量报文数量和载荷内容。

使用 Wireshark 软件打开实验附件 15.2_UDP-flood.pcapng 文件,观察故障计算机上异常 UDP 流量报文数量和载荷内容,如图 15.3 所示。

| No. | Time | Source | Destination | Protocol | Length | Info |
|---|---|---|---|---|---|---|
| 175354 | 2019-04-18 11:35:48.000579 | 222.192.41.8 | 192.168.3.35 | ICMP | 190 | Destination unreachable (Port unreachable) |
| 175355 | 2019-04-18 11:35:48.000581 | 192.168.3.35 | 222.192.41.8 | BOOTP | 1042 | Unknown BOOTP message type (88)[Malformed Packet] |
| 175356 | 2019-04-18 11:35:48.000587 | 222.192.41.8 | 192.168.3.35 | ICMP | 190 | Destination unreachable (Port unreachable) |
| 175357 | 2019-04-18 11:35:48.000589 | 192.168.3.35 | 222.192.41.8 | BOOTP | 1042 | Unknown BOOTP message type (88)[Malformed Packet] |
| 175358 | 2019-04-18 11:35:48.000596 | 222.192.41.8 | 192.168.3.35 | ICMP | 190 | Destination unreachable (Port unreachable) |
| 175359 | 2019-04-18 11:35:48.001983 | 192.168.3.35 | 222.192.41.8 | BOOTP | 1042 | Unknown BOOTP message type (88)[Malformed Packet] |
| 175360 | 2019-04-18 11:35:48.001995 | 222.192.41.8 | 192.168.3.35 | ICMP | 190 | Destination unreachable (Port unreachable) |
| 175361 | 2019-04-18 11:35:48.001999 | 192.168.3.35 | 222.192.41.8 | BOOTP | 1042 | Unknown BOOTP message type (88)[Malformed Packet] |
| 175362 | 2019-04-18 11:35:48.002006 | 222.192.41.8 | 192.168.3.35 | ICMP | 190 | Destination unreachable (Port unreachable) |
| 175363 | 2019-04-18 11:35:48.002008 | 192.168.3.35 | 222.192.41.8 | BOOTP | 1042 | Unknown BOOTP message type (88)[Malformed Packet] |
| 175364 | 2019-04-18 11:35:48.002014 | 222.192.41.8 | 192.168.3.35 | ICMP | 190 | Destination unreachable (Port unreachable) |
| 175365 | 2019-04-18 11:35:48.002016 | 192.168.3.35 | 222.192.41.8 | BOOTP | 1042 | Unknown BOOTP message type (88)[Malformed Packet] |
| 175366 | 2019-04-18 11:35:48.002022 | 222.192.41.8 | 192.168.3.35 | ICMP | 190 | Destination unreachable (Port unreachable) |

图 15.3　UDP 流量异常

针对正常 UDP 流量 15.1_UDP.pcapng,思考其中 3 号报文相应值域的内容。

该报文的源端口字段数值是多少? 端口号是多少(十进制)?

该报文的目的端口字段数值是多少? 端口号是多少(十进制)? 其代表何种应用?

该报文的长度字段数值是多少? UDP 报文总长度与应用载荷长度分别是多少?

针对异常 UDP 流量 15.2_UDP-flood.pcapng,思考其中 9 号报文相应值域的内容。

该报文的源端口字段数值是多少? 端口号是多少(十进制)?

该报文的目的端口字段数值是多少? 端口号是多少(十进制)? 其代表何种应用?

该报文的长度字段数值是多少? UDP 报文总长度与应用载荷长度分别是多少?

对比分析后,回答以下问题。

(1) 相较正常情况下的网络流量,异常 UDP 流量中捕获的 UDP 报文有何异常?

(2) 为什么异常 UDP 流量中每个 UDP 报文之后都跟随一个 ICMP 报文?

(3) 过多的 UDP 报文,可能对目的计算机产生什么影响?

根据上述分析,初步判断故障计算机很可能受到了怎样的攻击。

## 15.6　实验思考

为什么故障计算机的本机操作基本正常,而网络功能基本瘫痪?

# 实验 16　TCP 报文段分析

## 16.1　实验目标

（1）理解 TCP 工作原理与作用。
（2）掌握 TCP 报文的分析方法。

## 16.2　实验背景

作为 TCP/IP 族的命名来源之一，TCP 在网络体系结构各层协议中具有非常重要的地位。相较 UDP，TCP 的设计更加复杂与精巧，以此在传输层上保障不可靠的 IP 报文传输。掌握 TCP 工作原理及报文结构十分重要。

## 16.3　基本原理与概念

### 16.3.1　TCP 概述

传输控制协议（transmission control protocol，TCP）是一种面向连接的、可靠的、基于字节流的传输层协议。在因特网协议族（Internet protocol suite）中，传输层是位于网络 IP 层之上，应用层之下的中间层。不同主机的应用层之间经常需要可靠的"端到端"连接，实现数据的可靠收发，而 IP 层并不具备流量控制与差错控制机制，只能提供不可靠的、尽力而为的分组交换。所以需要传输层的 TCP，向上——对应用层提供可靠的"端到端"数据传输服务；向下——对 IP 层可能的丢失、乱序与差错进行管理。形象地说，一方面，源端应用层的数据直接向这个"可靠"的 TCP 管道里倾倒就可以了，管道保证可以无差错地输送至目的端应用层；另一方面，这个 TCP 管道本身是由一段一段的短管拼接而成的，事实上存在"跑、冒、滴、漏"的可能（对应 IP 报文不可靠传输特性），那么 TCP 就设计了一套检测漏水并自动补水的算法。

TCP 的工作流程大致如下。应用层向 TCP 层传递数据字节流，TCP 把数据流切割为适当长度的报文段（也受数据链路层的最大传输单元尺寸的限制），再把 TCP 报文段传给网络层，由 IP 通过网络将数据包传送给接收端的 TCP 层。TCP 源端会给每个报文段一个序号，以此保证丢失报文段的确认和报文段的按序接收。接收端对已成功收到的 TCP 报文段向源端发回一个相应的 TCP 确认报文（ACK），源端只有收到 ACK 确认，才会继续发送后续的 TCP 报文段；如果在往返时延（round trip time，RTT）内未收到确认，则源端认为该 TCP 报文段已经丢失，并负责重传。

### 16.3.2 TCP 特点

在保证可靠性上,采用 ACK 确认和超时重传机制,主要作用是检测报文段是否丢失及丢失后如何处理。

在流量控制上,采用滑动窗口协议,协议中规定,对于窗口内未经确认的分组需要重传,主要作用是从接收端对流量进行控制,以防止接收端被源端发送的数据淹没。

在拥塞控制上,采用拥塞控制算法。主要作用是从网络转发节点(路由器)的角度对流量进行控制,本质上是考虑网络承载能力,防止网络过载。该算法主要包括 3 个主要部分:①加性增、乘性减;②慢启动;③对超时事件做出反应。

在数据正确性与合法性上,TCP 用一个"检验和"函数来检验数据传输过程中是否有错误,在发送和接收时都要计算检验和,主要作用是对顺利到达接收端的报文段进行检验,防止错误的报文段交付到应用层。没有通过检验的报文段,接收端不会反馈 ACK 确认,TCP源端仍需重传。

### 16.3.3 TCP 报文段格式

TCP 报文段分为首部与应用载荷两部分,其具体结构如图 16.1 所示。下面以实验附件 16_TCP.pcap 文件第 553 号报文为例,分别介绍 TCP 报文段首部中各个字段的意义与作用。

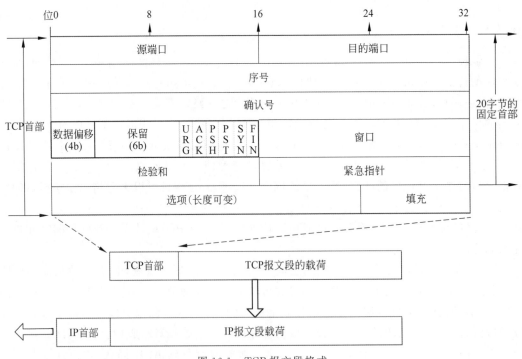

图 16.1 TCP 报文段格式

(1) 源端口(Source port)(2B)。

表示源端口号,该字段为十六进制数 00 50,即十进制数 80,代表来自 Web 服务器 80 端口发出的报文段。

端口号,主要用于区别主机中的不同进程,具体解释见下文的注意说明。

(2) 目的端口(Destination port)(2B)。

表示目的端口号,该字段为十六进制数 26 38,即十进制数 9784,代表该报文段将送往目的主机的 9784 端口。

**注意**:IP 地址用来区分不同的主机,端口号用于区别某一主机中的不同进程。显然,一台联网主机,通常不会只运行一种网络应用服务(例如主机同时进行在线聊天和网页浏览),有了端口号这个概念,TCP 就可以根据不同的端口号,将报文段发送到对应的应用层服务。源端口号和目的端口号结合 IP 首部中的源 IP 地址和目的 IP 地址,就能唯一地确定一个 TCP 连接。一个端口号与其主机 IP 地址就完整地标识了一个 TCP 端点,构成了套接字(socket)。

需要访问什么应用服务,目的端口号就是该服务的端口号,而源端口(随机且大于1024)与目的端口形成连接。例如,某主机访问 80 端口的 Web 网页,那么主机发送的 TCP报文段的"目的端口号"是 80,而源端口号是大于 1024 的随机端口号,如 1223。而此后,网页服务器响应该主机的 TCP 报文段,其目的端口号填写内容是请求报文的源端口号数值1223,源端口号则是 80。因此,某一个 TCP 报文段首部的源端口号跟目的端口号不一定相同。

软件作者可以自己定义"保留端口号"(数值范围是 0~1023)以外的端口号,例如 QQ定义的服务器端口号为 8000,QQ 客户端端口号为 4000。

在端口系统里,UDP 和 TCP 是分开的,换言之,UDP 占用的端口号可以是 0~65535,TCP 占用的端口号也可以是 0~65535,而且两者是独立的、互不影响的。例如某台主机可以同时开放 TCP80 和 UDP80 端口,两者并不冲突。

(3) 序号(Sequence number)(4B)。

在一个 TCP 连接中,传输的数据字节流中,每一个数据字节都要按顺序进行编号,在TCP 报文段首部"序号"字段中标识的只是每个报文段的首字节的编号。待传输的字节流的起始序号必须在建立连接时设置。

例如,某个 TCP 报文段首部的"序号"字段值是 101,而该报文长度共有 100B,表明本数据段的最后一个字节的编号是 200(注意此值并不存储在序号字段中)。因此下一个数据段的"序号"应该是 201,而不是 102。

553 号 TCP 报文段"序号"字段值为十六进制数 64 02 4C 47,代表本报文段发送数据的第一个字节的序号为 1677872199。

注意,上一个 TCP 报文段(552 号)中"序号"字段数值为 64 02 46 C3,代表 552 号报文段发送数据的第一个字节的序号为 1677870787。552 号与 553 号报文段的"序号"字段数值相差了十进制的 1412,这正是 552 号 TCP 报文段的长度。

(4) 确认序列号(Acknowledgment number)(4B)。

本 TCP 报文段 ACK 序号字段为十六进制数 00 39 47 79,代表本 TCP 报文段的第一个字节的序列号为 3753849。32 位确认序列号包含发送确认的接收端所期望收到的下一个序号。注意,确认号并不代表已经正确接收到的最后一个字节的序号。确认序号应当是上次已成功收到数据字节序号加 1。不过,只有当标志位 Flags 中的 ACK 标志(下文介绍)为 1时,该确认序列号的字段才有效。

例如,主机 B 已经正确接收主机 A 发来的一个 TCP 报文段,该报文中序号字段值为101,而该报文的长度是 100B。这表明 B 已收到 A 发送的前 200B 数据,B 期望要接收的下一个报文的第一个字节的序号应该是 201。于是在 B 发回 A 的确认报文时要把"确认号"设置为 201。

图 16.1 中黑线框中包括 TCP 报文段首部的数据偏移字段、保留字段及标志位字段,合计 2B,具体结构如图 16.2 所示。

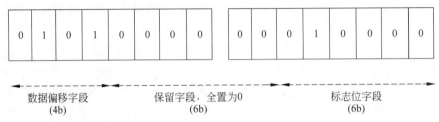

图 16.2  TCP 报文段首部的数据偏移字段、保留字段及标志位字段

(5) 数据偏移字段(Data Offset)(4b)。

该字段的数值乘以 4B,乘积即为 TCP 报文首部的长度,所以数据偏移字段数值的单位是 4B。数据偏移字段占 4 位,定义了 TCP 报文的"数据载荷"起始处,距离 TCP 报文首部起始处的字节偏移量。因为"数据载荷"部分紧跟在报文首部之后,所以该字段实质是确定 TCP 报文的首部长度。而 TCP 报文头部有不确定长度的"可选项"字段,所以该数据偏移字段非常重要。4 位的数据偏移量字段空间可以表示 0~15 的范围,而数据偏移量是以 4B 为单位来计算,所以数据偏移量最大为 60B,也就是 TCP 报文首部的最大长度。本报文段的数据偏移字段为十六进制数 0101,即十进制数 5,可见该 TCP 报文的首部为 20B。

上文提到 TCP 报文段的首部最大是 60B。而如果没有任选字段,正常的长度是 20B。相差的 40B 可以放置 TCP 报文段首部的选项及填充字段。

(6) 保留字段(6b)。

暂时保留,未有用途。本 TCP 报文段中该字段各位全 0。

(7) 标志位(Flags)(6b)。

① URG(Urgent pointer,紧急指针)表示 TCP 报文的紧急指针域有效,定义报文是否是紧急数据,是否需要优先发送,发送方把 URG 位设为 1 的报文放到普通数据的前面,而不再按序发送,并且督促接收方尽快处理这些紧急数据,而后再处理普通数据,用以保证 TCP 连接不被中断。

② ACK(Acknowledgment,确认)表示确认域有效,指示 TCP 报文首部的"确认号"字段是否有效,置 1 表示"确认"字段有效,否则无效。

③ PSH(Push,传送)表示 push 功能有效,指示接收端是否需要立即把收到的报文提交给应用进程,而不是在缓冲区中排队。置 1 表示尽快提交上层,置 0 可先缓存报文。

④ RST(Reset,重置)表示复位 TCP 连接,用于重置、释放一个已经混乱的传输连接,置 1 表示释放当前传输连接。

⑤ SYN(Synchronous,同步)表示 SYN 报文在建立 TCP 连接时作同步使用。TCP 建立连接的"三次握手"中,SYN 标志位和 ACK 标志位搭配使用。另外,这个标志的数据包经

常被用来进行端口扫描。扫描者发送一个只有 SYN 的数据包,如果对方主机返回响应数据包,就表明这台主机存在这个端口。

⑥ FIN(Finish,结束)表示源端已经达到数据末尾,即双方的数据传送完成,没有数据可以传送。发送 FIN 标志位的 TCP 报文段后,连接将被断开。在关闭 TCP 连接的时候使用,用于释放一个 TCP 传输连接,置 1 表示数据已经全部发送完成,源端没有数据要传输,要求释放当前连接,但接收方仍然可以接收还没有传输完的数据。正常传输时,置 0。

本数据报文中的标志位 Flags 为 010000,即 ACK 确认位为 1,其余 5 位皆为 0,表示仅确认有效。

(8) Window 窗口字段(2B)。

为了流量控制,接收方通过窗口数值告知发送方自己目前的接收能力,发送方发送的数据大小不能超过接收方的窗口大小。通过控制对方发送数据量的方法,防止发送方和接收方的传输速率不匹配,达到流量控制的目的。该字段的单位为字节。TCP 连接的一方,根据自身设置的缓存空间大小确定本方能够接收的最大数据长度(接收窗口数值),然后将其通知对方,以确定对方的发送窗口上限。因此,该值可能动态变化。

本数据报文的字段值为 00 83,为十进制数 131。注意,由于窗口字段只有 16b,最多表示 65536。如果该字段使用字节为单位,当窗口值超过 65536B 时,该字段将无法表示。为了表示更大的窗口值,这里使用了一个放大倍数 window size scaling factor=512,则两者相乘 $131 \times 512 = 67072B$。该值才是真正使用的窗口上限值。

(9) 检验和(Checksum)(2B)。

对 TCP 报文段首部、数据载荷及"伪头部"3 部分进行检验。所谓"伪头部"是指源主机 IP 与目的主机的 IP、TCP 号及 TCP 报文段长度。需要说明的是,伪头部内容既不提交上层协议,也不传递下层协议,只是单纯用于检验 TCP 报文段。

Wireshark 不会自动完成 TCP 报文检验和的检验。原因是有时 TCP 检验和会由网卡计算,因此 Wireshark 抓到的本机发送的 TCP 数据包的检验和都是错误的,这样检验和已经失去意义。如果用户想检验检验和,需要在 Wireshark 选择菜单栏"编辑"→"首选项"→"协议"→TCP 选项,勾选 validate the tcp checksum if possible 单选按钮。

本报文段的该字段值为十六进制数 AF 29,Wireshark 显示检验确认关闭。

(10) 紧急指针(2B)。

仅当前面的 URG 控制位为 1 时才有意义。本 TCP 报文段的该字段数值为十六进制数 00 00。

(11) 可选项。

可选,长度可变,最长为 40B。当没有使用该字段时,TCP 报文首部为 20B。本数据报没有该字段。

(12) 填充项。

作用是将可变长度的"可选项"字段凑齐 4B 的整数倍。

## 16.4　实验准备

准备一台能上网的计算机,安装 Wireshark 抓包软件。

## 16.5　实验过程

使用 Wireshark 抓包软件,打开实验附件 16_TCP.pcap 文件。

针对捕获的正常 TCP 流量,选择 920 号 TCP 报文,思考其报文相应值域的内容。

该报文的源端口字段数值是多少? 端口号是多少(十进制)? 其代表何种应用?

该报文的目的端口字段数值是多少,端口号为多少(十进制)?

该报文的序列号、确认序列号、数据偏移、标志位、Window 窗口的字段值及其代表含义分别是什么?

## 16.6　实验思考

TCP 报文段结构为什么设计得如此复杂? 最终能实现哪些功能?

# 实验 17　TCP 三次握手分析

## 17.1　实验目标

（1）理解 TCP"三次握手"的工作原理与作用。

（2）掌握 TCP"三次握手"报文的分析方法。

## 17.2　实验背景

某日，某大学校园网内一台 Web 服务器无法访问。经调查，该 Web 服务器忽然出现卡死甚至宕机的现象，管理员的本地操作几乎都无法响应，导致校园网用户完全无法访问站点。但当终止该服务器的网络连接后，Web 服务器恢复了正常。另外，该网站此前一切正常，网站管理员没有更改默认配置或升级系统。

请根据以上的信息，结合查看计算机的情况和流量文件信息，分析故障的原因，给出解决的办法。

## 17.3　基本原理与概念

### 17.3.1　TCP 三次握手概述

TCP 为了保证报文传输的可靠，给每个报文分配一个序号，该序号可保证源端到目的端的报文"按序接收"。接收端对已成功收到的报文发回一个相应的 ACK 确认；如果发送端在合理的往返时延 RTT 内未收到确认，它会认为对应的报文丢失，将会重传该报文。TCP 利用消息确认机制，保证信息传输的可靠。

TCP 是面向连接的传输层协议，可靠传输报文的前提是建立 TCP 连接。

TCP 连接建立过程中要解决以下 3 个问题。

（1）要使通信双方能够确知对方的存在。

（2）要允许通信双方协商一些参数（如最大窗口值、是否使用窗口扩大选项和时间戳选项以及服务质量等）。

（3）能够对运输实体资源（如缓存大小、连接表中的项目等）进行分配。

TCP 连接的建立采用"客户-服务器"的方式。主动发起连接的一方称为"客户端"（client），被动等待连接建立的另一方称为"服务器"（server）。

TCP 建立连接的过程叫作"握手"。握手需要在客户端和服务器之间交换 3 个 TCP 报文段，称之为"三报文握手"或"三次握手"。一般而言，请求与确认报文组合的"两报文握手"已经能够提供基本的可靠连接。增加第三次报文握手，主要是为了防止已失效的连接请求报文突然又传送到服务器端,造成服务器端发出 ACK 确认响应,而客户端则因为该请求报文早已失效,对该确认置之不理,使得服务器浪费系统资源与等待时间。

### 17.3.2 TCP 三次握手原理

如图 17.1 所示,TCP 建立连接的过程如下。

第一次握手:建立连接时,客户端发送 SYN 握手包(SYN 位为 1,Seq 值为 x)到服务器,并进入 SYN_SENT 状态,等待服务器确认。

第二次握手:服务器收到 SYN 包后,必须确认客户端的 SYN,同时自己也发送一个 SYN 包,即 SYN+ACK 包(SYN 位为 1,ACK 位为 1,Seq 值为 y,Ack 值为 x+1),换言之,该包同时具有 SYN 和 ACK 功能。此时服务器进入 SYN_RECV 状态。

第三次握手:客户端收到服务器的 SYN+ACK 包,向服务器发送 ACK(ACK 位为 1,Seq 值为 x+1,Ack 值为 y+1),此包发送完毕,客户端和服务器进入 ESTABLISHED(TCP 连接成功)状态,完成三次握手。

TCP 三次握手的目的是确认 TCP 双方在线,同步连接双方的序列号和确认号,并交换 TCP 窗口大小信息,这就是所谓的 TCP 三次握手。

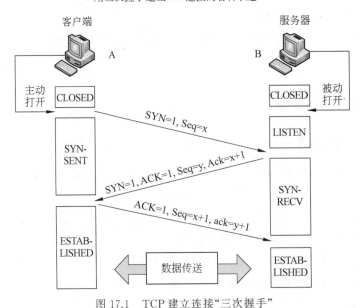

图 17.1　TCP 建立连接"三次握手"

### 17.3.3　TCP 连接终止

建立一个 TCP 连接需要三次握手,而终止一个 TCP 连接要经过四次握手,这是由 TCP 的半关闭(half-close)造成的。限于篇幅,本书对 TCP 断开连接的四次握手不再展开,有兴趣的读者可以自己抓包进行分析。

## 17.4 实验准备

自己准备一台能上网的计算机,安装 Wireshark 抓包软件。

## 17.5 实验过程

### 17.5.1 TCP"三次握手"解析

想要分析实验背景中的服务器故障,首先需要观察正常的 TCP"三次握手"数据包交换过程,巩固"三次握手"原理。

如图 17.2 所示,打开实验附件 17.1_test.pcapng 文件,选择序号为 11～13 的 TCP"三次握手"报文,3 个握手报文的具体信息如下。

No.11 报文:客户端发送 SYN(SYN=1,Seq=x=0)报文给服务器端,进入 SYN_SEND 状态。

No.12 报文:服务器端收到 SYN 报文,回应一个 SYN+ACK(SYN=1,ACK=1,Seq=y=0,Ack=x+1=1)报文,进入 SYN_RECV 状态。

No.13 报文:客户端收到服务器端的 SYN 报文,回应一个 ACK(ACK=1,Seq=x+1=1,Ack=y+1=1)报文,进入 ESTABLISHED 状态。

而 No.14 报文表示三次握手完成,TCP 客户端和服务器端成功地建立连接,双方开始传输 HTTP 数据。

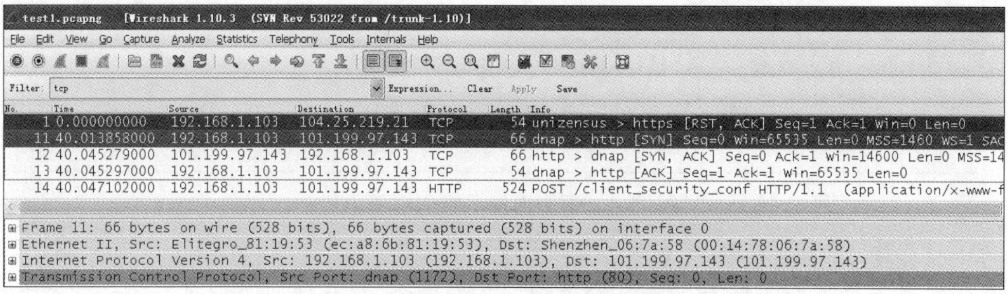

图 17.2 TCP 三次握手涉及的三个数据帧(No.11～No.13)

下面对三次握手机制涉及的 3 个 TCP 报文进行具体分析。

**1. 第一次握手报文(No.11)**

在 Wireshark 中单击 No.11 报文,如图 17.3 所示。客户端发送的这个 TCP 连接请求报文,标志位 Flags 字段为 0x002=000010,表明 SYN 标志位设为 1,ACK 标志位设为 0,序列号 Sequence number 字段为 x=0,代表该报文是客户端发起的第一个报文(同步请求)。该报文的发出,代表客户端请求建立 TCP 连接,并进入 SYN_SEND 状态,等待服务器的确认。该"TCP 同步请求报文"的具体内容如图 17.4 所示。

**2. 第二次握手报文(No.12)**

服务器收到客户端发来的 No.11 报文,由该报文 Flags 字段的 SYN=1,得知客户端请

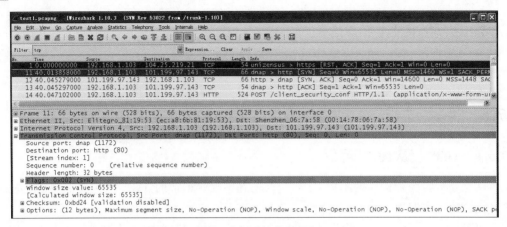

图 17.3　第一次握手捕获的报文 No.11

图 17.4　第一次握手报文内部内容

求建立 TCP 连接。为了向客户端确认收到 No.11 报文,服务器需要向客户端发回 No.12 报文,如图 17.5 所示。No.12 报文的 Flags 字段 SYN 与 ACK 位均置为 1,所以 Flags 位字段为 0x012＝010010,代表 SYN 标志位设为 1,表示启动同步;同时将 ACK 标志位也设为 1,表示启动 ACK 确认。另外在该报文中,设置初始序号 Sequence number 字段为 y＝0,将确认序号(Acknowledgement number)设置为客户端的序列号(Sequence number)加 1,即 x＋1＝0＋1＝1。将 No.12 报文发送给客户端后,服务器进入 SYN_RECV 状态,该"TCP 同步请求确认报文"的具体内容如图 17.6 所示。

**3. 第三次握手报文(No.13)**

客户端收到服务器发来的 No.12 报文后,检查确认序号 ACK number 是否正确,即该值是否为第一次发送的序号 Sequence number 加 1(x＋1＝1),以及标志位 ACK 是否为 1。如果正确,客户端会再发送 No.13 报文,如图 17.7 所示。该报文为 ACK 确认报文 Flags 字段为 0x010＝010000,ACK 标志位设为 1,SYN 标志位设为 0。发送序号 Sequence number

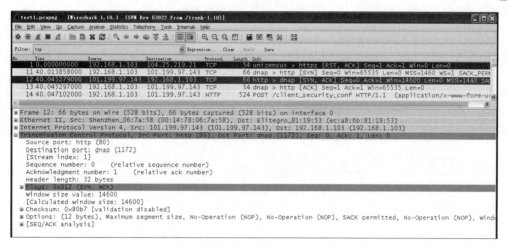

图 17.5　第二次握手捕获的报文 No.12

| 0 | | | | | | | 15 | 16 | 31 |
|---|---|---|---|---|---|---|---|---|---|
| 16位源端口号 | | | | | | | | 16位目的端口号 | |
| 32位序列号：y=0 | | | | | | | | | |
| 32确认序号：x+1=1 | | | | | | | | | |
| 4位首部长度 | 保留(6位) | URG 0 | ACK 1 | PSH 0 | RST 0 | SYN 1 | FIN 0 | 16位窗口大小 | |
| 16位检验和 | | | | | | | | 16位紧急指针 | |
| 选项 | | | | | | | | | |
| 数据 | | | | | | | | | |

图 17.6　第二次握手报文内部内容

字段为 x＋1＝1,确认序号 ACK number＝y＋1＝0＋1＝1。这个报文段发送完毕以后,客户端和服务器端都进入 ESTABLISHED 状态,完成 TCP 三次握手,代表 TCP 建立连接成功,可以传送 TCP 数据。该"TCP 第三次确认报文"的具体内容如图 17.8 所示。

至此,三次握手完成,通信双方建立了 TCP 连接。

### 17.5.2　故障判断分析

使用 Wireshark 捕获故障计算机的网络流量,获得实验附件 17.2_TCP-syn.pcapng 文件。打开该文件,发现其中出现了大量的 TCP 同步请求报文,如图 17.9 所示。

根据上述正常 TCP 三次握手流量数据包分析,可以初步判断,服务器受到了攻击。

如果通信双方都按照 TCP 设计的思路及流程,当 TCP 服务器收到客户端发送的 SYN 请求报文之后,会发送一个 SYN＋ACK 回应报文,此时 TCP 服务器端进入了连接"半开"

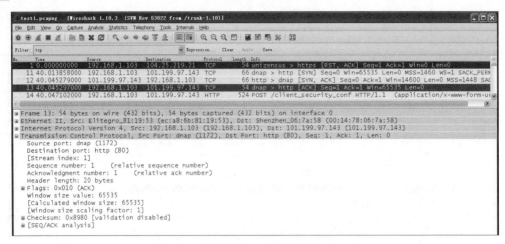

图 17.7　第三次握手捕获的报文 No.13

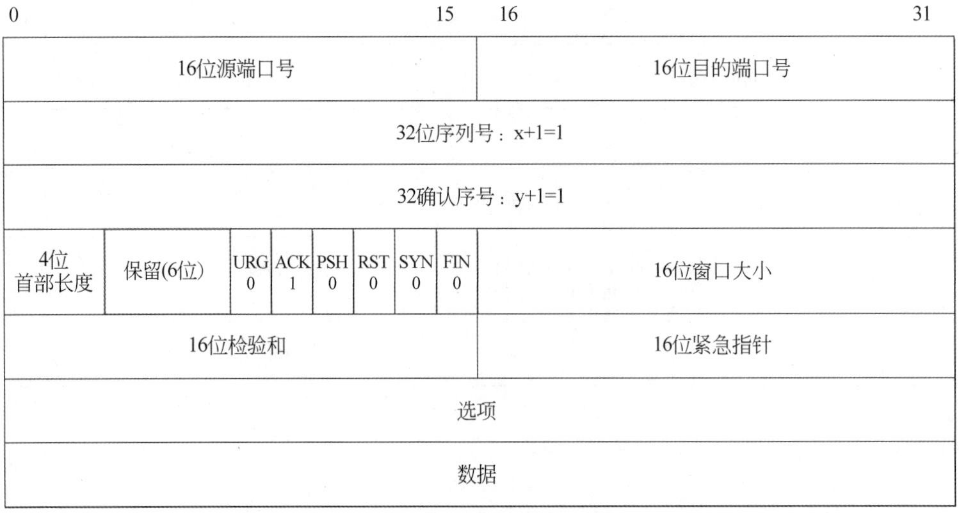

| 0 | | | | | | | | 15 | 16 | | | 31 |
|---|---|---|---|---|---|---|---|---|---|---|---|---|
| 16位源端口号 | | | | | | | | | 16位目的端口号 | | | |
| 32位序列号：x+1=1 | | | | | | | | | | | | |
| 32确认序号：y+1=1 | | | | | | | | | | | | |
| 4位<br>首部长度 | 保留(6位) | URG<br>0 | ACK<br>1 | PSH<br>0 | RST<br>0 | SYN<br>0 | FIN<br>0 | | 16位窗口大小 | | | |
| 16位检验和 | | | | | | | | | 16位紧急指针 | | | |
| 选项 | | | | | | | | | | | | |
| 数据 | | | | | | | | | | | | |

图 17.8　第三次握手报文内容

图 17.9　故障服务器的流量捕获分组

状态。然后等待客户端再次发送 ACK 确认，当该 ACK 被服务器接收到时，则正式成功建立了 TCP 连接。

如果客户端的 ACK 确认报文一直没有到达，服务器端则会在计时器超时后，自动重发 SYN＋ACK 回应包。假如此时客户端始终没有反应，重发 SYN＋ACK 回应包的次数超过了预设值，则服务器会释放这个失败的"半开"连接。需要说明的是，服务器端会为每个"半开"连接分配一定的系统 CPU 及内存资源。

通过学习 TCP 建立连接的原理可以发现，TCP 在"三次握手"过程中，存在一个设计 bug。如果"不怀好意"的客户端在短时间内伪造大量不存在的源 IP 地址，发送大量 SYN 请求报文，诱骗服务器给这些伪造的 SYN 请求分配系统资源，但故意不再响应服务器的 SYN＋ACK 回应报文。那么，服务器需要不断地向源地址根本不存在的客户端重发确认直至超时。同时，这些伪造的 SYN 请求报文将长时间占用未连接队列，极大地消耗服务器 CPU 及内存资源，此时会导致服务器运行极度缓慢，甚至死机。而正常的 SYN 请求被丢弃，合法用户请求被服务器拒绝，更严重的还会引起网络堵塞。

从图 17.10 可看到，服务器接收到连接请求，将此信息加入"未连接队列"，并发送 SYN-ACK 包给客户端，此时进入 SYN_RECV 状态。当服务器未收到客户端"第三次握手"的确认包时，则会重发 SYN-ACK 包，直至计时器超时，才将此条目从"未连接队列"中删除。

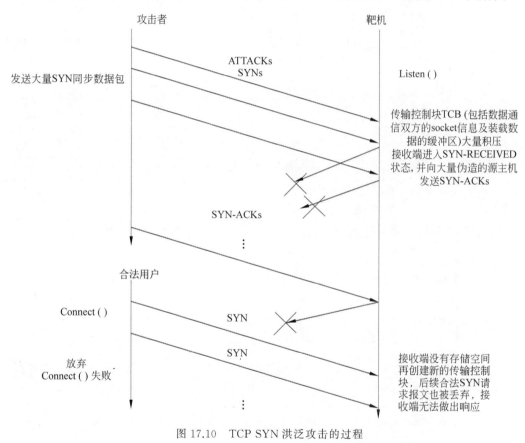

图 17.10　TCP SYN 洪泛攻击的过程

只要网络通信设备开启了 TCP 服务，无论是服务器还是路由器，黑客都可以实施 TCP 的 SYN 攻击。

事实上，通过分析故障服务器的流量文件，发现有大量异常的 TCP 握手 SYN 请求访问了服务器，如图 17.9 所示。因此有理由怀疑，大量伪造的恶意 TCP 握手 SYN 请求就是造成这次服务器死机的原因。这也解释了故障调研过程中，断开网络连接后，服务器恢复正常运行的情况。

那么，又是谁发动了这次 TCP 握手泛洪攻击呢？如何找到攻击者？他是谁？他在哪

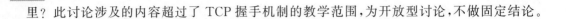

里？此讨论涉及的内容超过了 TCP 握手机制的教学范围，为开放型讨论，不做固定结论。

## 17.6　实验思考

（1）思考为什么故障计算机的本机操作基本正常，而网络功能基本瘫痪？

（2）假定每个 TCP"半连接"需占用内存 256B，服务器内存容量合计 32GB，计算黑客需要同时向服务器发动多少个"半连接"，才能占用到服务器内存的 80%？

（3）在联网的计算机上捕获完整的 TCP 三次握手的报文，并参照 17.5 节的实验步骤，写出分析三次握手的图文报告。

# 实验 18　DNS 报文分析

## 18.1　实验目标

（1）理解 DNS 工作原理与作用。

（2）掌握 DNS 报文的分析方法。

## 18.2　实验背景

某公司员工向单位的网络管理员反映单位计算机无法访问所有网站，但可以使用 QQ 聊天，通过无线局域网连接的手机用户则发现微博、京东以及淘宝等 App 均无法正常使用。请判断可能的故障并排除它。

## 18.3　基本原理与概念

### 18.3.1　DNS 概述

由于 IP 地址的长度达 32 个二进制位，对人而言复杂且难以记忆，用户直接使用 IP 地址进行主机访问是很困难的。域名系统（domain name system，DNS）用于命名互联网中的计算机，每一个域名都对应唯一的 IP 地址。域名是由圆点分开的一串单词或缩写组成，这些有意义的单词或缩写主要是为了方便用户识记。当用户单击或者输入域名时，DNS 服务器负责进行域名解析，将用户输入的域名自动转化成 IP 地址，并告知用户计算机，最终实现用户对目的主机的访问。可见，由于支持用户以域名的形式访问计算机，DNS 是互联网的一项基础性的核心服务。DNS 系统瘫痪或发生故障，会使很多应用服务无法正常访问。

### 18.3.2　DNS 原理

为了达到唯一性目的，互联网对域名系统采用层次（树形）结构的命名方法。每一个域名（本书只讨论英文域名）都是一个标号序列（labels），由字母（A～Z，a～z，不区分大小）、数字（0～9）和连接符（-）组成，标号序列总长度不能超过 255 个字符，它由点号分割成一个个的标号，每个标号的长度需在 63 个字符之内，每个标号都可以看成一个层次的域名。级别低的域名写在左边，级别高的域名写在右边。域名服务一般基于 UDP 实现，服务器的端口号为 53。

例如，网站的域名 ntu.edu.cn，由点号分割成了 3 个域名 ntu、edu 和 cn，其中 cn 是顶级域名（TLD，top-level domain）；edu 是二级域名（SLD，second level domain）；ntu 是子域名（sub domain）。关于域名的层次结构，如图 18.1 所示。

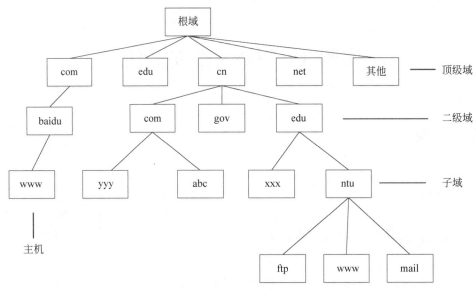

图 18.1　域名的层次结构

域名解析分为两步，第一步是本机向本地域名服务器发出一个 DNS 查询报文，报文里携带需要查询的域名；第二步是本地域名服务器向本机回应一个 DNS 响应报文，该报文中包含域名对应的 IP 地址。从下面对 www.njust.edu.cn 进行域名解析的报文中可明显看出上述步骤，如图 18.2 所示。

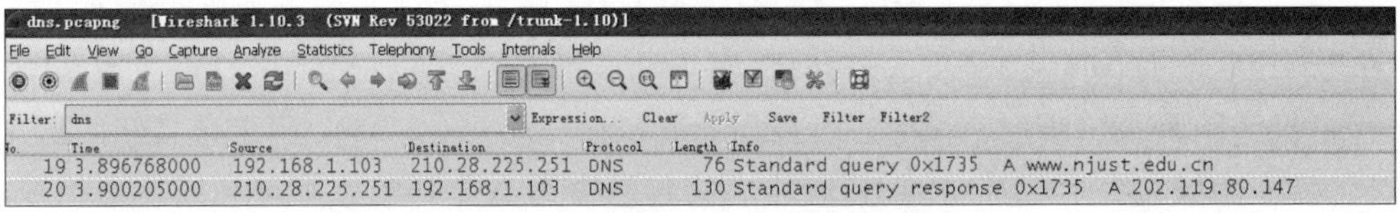

图 18.2　DNS 解析捕获的数据包

DNS 系统域名解析具体的流程如下。

如图 18.2 所示，主机 192.168.1.103 先向本地域名服务器 210.28.225.251 进行域名查询，对应 19 号数据包。本地域名服务器查询到域名对应的 IP 地址后，把查询结果传送给主机 192.168.1.103，对应 20 号数据包。

这里需要说明的是，主机向本地域名服务器发出一次查询请求，就会等待查询结果。如果本地域名服务器无法解析域名，则会以 DNS 客户端的身份向其他上级域名服务器查询，直到获得响应的 IP 地址，再将其发回主机，这就是所谓的 DNS 递归查询。

### 18.3.3　DNS 报文格式

DNS 报文格式如图 18.3 所示。图中右侧标示的"12 字节"为 DNS 首部长度，所有 DNS 报文均有相同的首部格式。首部后方（由于排版宽度原因，图 18.3 中是下方）是正文部分，包括查询问题、回答、授权和额外信息 4 个字段。其中，查询问题字段是 DNS 查询与应答报文都具有的，但回答字段、授权字段和额外信息字段只有 DNS 应答报文中才具有，而后 3 部分都采用资源记录(resource record)的相同格式。所以,并不是所有 DNS 报文都有如图 18.3 所示的全部字段,这点需要读者留意。概括而言,DNS 查询报文包括 DNS 首部、查询问题字段;DNS 应答报文则包括 DNS 首部、查询问题、回答、授权和额外信息字段。下面逐个分析图 18.3 中的 DNS 报文字段。

图 18.3　DNS 报文格式

### 1. 标识(2B)

该字段是 DNS 报文的 ID,对于相互关联的查询请求报文和应答报文,这个字段是相同的,因此可以根据标识字段的值,匹配某 DNS 应答报文是某查询请求报文的响应。

### 2. 标志(2B)

该字段合计 16b,具体结构如图 18.4 所示。

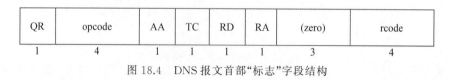

图 18.4　DNS 报文首部"标志"字段结构

(1) QR(1b):DNS 查询/响应的标志位,0 表示 DNS 查询报文,1 表示 DNS 响应报文。

(2) opcode(4b):定义查询或响应的类型,0 表示标准,1 表示反向,2 表示服务器状态请求。

(3) AA(1b):授权回答的标志位,该位在响应报文中有效,1 表示域名服务器是权限服务器。

(4) TC(1b):截断标志位,1 表示响应已超过 512B 且已被截断。

(5) RD(1b):该位为 1 表示客户端希望得到递归回答。

(6) RA(1b):只能在响应报文中置为 1,表示可以得到递归响应。

(7) zero(3b):保留字段,均是 0。

(8) rcode(4 b):返回码,表示响应的差错状态,通常为 0 和 3,各取值(十进制)含义如下。

| | |
|---|---|
| 0 | 无差错 |
| 1 | 格式差错 |
| 2 | 问题在域名服务器上 |
| 3 | 域参照问题 |
| 4 | 查询类型不支持 |
| 5 | 在管理上被禁止 |
| 6 | 保留 |

标志字段结束后,下面是问题数、资源记录数、授权资源记录数和额外资源记录数,每个字段各 2B,4 个字段合计 8B,分别对应下面的查询问题、回答、授权和额外信息部分的数量。一般问题数都为 1,DNS 查询报文中,资源记录数、授权资源记录数和额外资源记录数都为 0。

**3. 问题数(Quetions)(2B)**

通常置为 1。

**4. 资源记录数(Answer RRs)(2B)**

通常置为 0。

**5. 授权资源记录数(Authority RRs)(2B)**

通常置为 0。

**6. 额外资源记录数(Additional RRs)(2B)**

通常置为 0。

**7. 查询问题(Queries)(4B)**

从该字段开始,进入查询报文或者响应报文的正文部分,它又分为查询名称(Name)、查询类型(Type)及查询类(Class)3 部分。查询问题字段结构如图 18.5 所示。

图 18.5　查询问题字段结构

(1) 查询名称。

该字段长度不定,且无须填充字节,一般填写需要查询的域名(反向查询则填入 IP 地址)。此部分由一个或者多个标示符序列组成,每个标示符以首字节数的计数值来说明该标示符长度,名字以 0 结束。计数字节数必须是 0~63。例如查询名为 ntu.edu.cn,查询名称字段内容如图 18.6 所示。

| 3 | n | t | u | 3 | e | d | u | 2 | c | n | 0 |
|---|---|---|---|---|---|---|---|---|---|---|---|
| 计数 | | | | 计数 | | | | 计数 | | | 计数 |

图 18.6　查询问题的 name 字段结构

（2）查询类型（2B）。

通常查询类型为 A（由域名获得 IP 地址）或者 PTR（由 IP 地址获得域名），类型列表如表 18.1 所示。

表 18.1　查询问题的 Type 字段列表

| 类　型 | 助 记 符 | 说　　　明 |
|---|---|---|
| 1 | A | IPv4 地址 |
| 2 | NS | 域名服务器 |
| 5 | CNAME | 规范名称，定义主机的正式名字的别名 |
| 6 | SOA | 开始授权，标记一个区的开始 |
| 11 | WKS | 熟知服务，定义主机提供的网络服务 |
| 12 | PTR | 指针，把 IP 地址转化为域名 |
| 13 | HINFO | 主机信息，给出主机使用的硬件和操作系统的表述 |
| 15 | MX | 邮件交换，把邮件改变路由送到邮件服务器 |
| 28 | AAAA | IPv6 地址 |
| 252 | AXFR | 传送整个区的请求 |
| 255 | ANY | 对所有记录的请求 |

（3）查询类（2B）。

通常为 1，指 Internet 数据。

### 8. 回答（2B）、授权（2B）和额外信息（2B）

这 3 个字段为 DNS 响应报文所特有，采用资源记录 RR（resource record）格式，其中，"回答"字段的结构如图 18.7 所示。

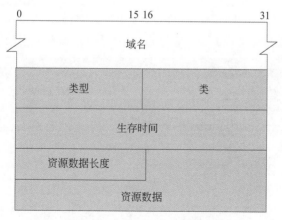

图 18.7　"回答"字段结构

（1）域名（不定长或 2B）。

记录中资源数据对应的名字，它的格式和查询名称字段的格式相同。当报文中域名重复出现时，就需要使用 2B 的偏移指针来替换。

（2）类型（2B）与类（2B）。

含义与查询问题部分的类型和类相同。

（3）生存时间（4B）。

该字段表示资源记录的生命周期（以秒为单位），一般用于地址解析程序取出资源记录后，决定保存及使用缓存数据的时间。

（4）资源数据长度（2B）。

表示资源数据的长度，以字节为单位，如果资源数据为 IP，则为 0004。

（5）资源数据。

该字段是可变长字段，表示按查询字段要求返回的相关资源记录的数据。

主机会将访问过的网站域名保存在本机 DNS 缓存中，以免用户每次访问上述网站，都去 DNS 域名服务器查询，以节约访问时间。但为了更方便地捕获 DNS 查询报文，可以在实验前清除本机的 DNS 缓存。在开始菜单的"运行"文本框中输入 cmd，可以打开命令提示符窗口。执行清空 DNS 缓存命令：ipconfig/flushdns。命令行提示 Successfully flushed the DNS Resolver Cache，则表明本机 DNS 缓存已被清空。此后通过输入域名，首次访问某网站，就能捕获本机收发的 DNS 报文。该方法也可以用来清除本地主机上过时的 DNS 缓存记录。

## 18.4　实验准备

准备一台能上网的计算机，安装 Wireshark 抓包软件。

## 18.5　实验过程

### 1. 情境 1

网络管理员已经捕获了 DNS 相关流量，打开实验附件 18_dns.pcapng 文件，如图 18.8 所示。请分析 DNS 查询报文（19 号）、应答报文（20 号）并思考下列问题。

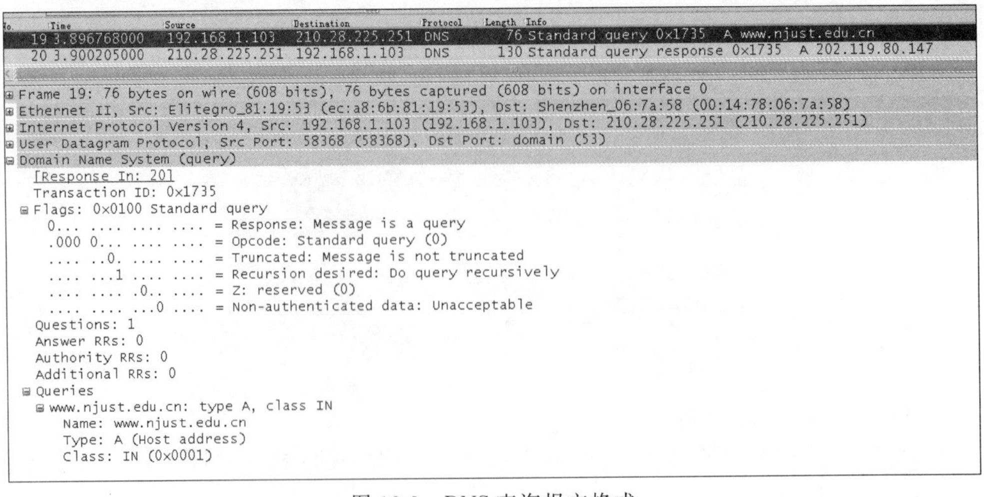

图 18.8　DNS 查询报文格式

1）DNS 查询报文格式

（1）以太网帧首部(14B)。

该帧的源端 MAC 地址及其含义分别是什么？

该帧的目的端 MAC 地址及其含义分别是什么？

（2）IP 报文首部(20B)。

该报文的源端 IP 地址及其含义分别是什么？

该帧的目的端 IP 地址及其含义分别是什么？

（3）UDP 报文首部(8B)。

该报文的源端口及其含义分别是什么？

该帧的目的端口及其含义分别是什么？

（4）DNS 报文首部(12B)。

该 DNS 报文首部的标识(2B)、标志(2B)、问题数字段(2B)、资源记录数字段(2B)、授权资源记录数字段(2B)、额外资源记录数字段(2B)分别是什么？

该 DNS 报文首部 Queries 查询(响应的正文部分)的 Name、Type 以及 Class 的字段值及其含义分别是什么？

2）DNS 应答报文

如图 18.9 所示，与上文的 DNS 查询请求报文相比，响应报文多一个回答 Answers 字段，同时 Flags 字段每一位都有定义。

```
No. Time         Source         Destination     Protocol  Length Info
    19 3.896768000  192.168.1.103   210.28.225.251  DNS      76  Standard query 0x1735  A www.njust.edu.cn
    20 3.900205000  210.28.225.251  192.168.1.103   DNS     130  Standard query response 0x1735  A 202.119.80.147
⊞ Frame 20: 130 bytes on wire (1040 bits), 130 bytes captured (1040 bits) on interface 0
⊞ Ethernet II, Src: Shenzhen_06:7a:58 (00:14:78:06:7a:58), Dst: Elitegro_81:19:53 (ec:a8:6b:81:19:53)
⊞ Internet Protocol Version 4, Src: 210.28.225.251 (210.28.225.251), Dst: 192.168.1.103 (192.168.1.103)
⊞ User Datagram Protocol, Src Port: domain (53), Dst Port: 58368 (58368)
⊟ Domain Name System (response)
    [Request In: 19]
    [Time: 0.003437000 seconds]
    Transaction ID: 0x1735
  ⊟ Flags: 0x8180 Standard query response, No error
    1... .... .... .... = Response: Message is a response
    .000 0... .... .... = Opcode: Standard query (0)
    .... .0.. .... .... = Authoritative: Server is not an authority for domain
    .... ..0. .... .... = Truncated: Message is not truncated
    .... ...1 .... .... = Recursion desired: Do query recursively
    .... .... 1... .... = Recursion available: Server can do recursive queries
    .... .... .0.. .... = Z: reserved (0)
    .... .... ..0. .... = Answer authenticated: Answer/authority portion was not authenticated by the server
    .... .... ...0 .... = Non-authenticated data: Unacceptable
    .... .... .... 0000 = Reply code: No error (0)
    Questions: 1
    Answer RRs: 1
    Authority RRs: 2
    Additional RRs: 0
  ⊟ Queries
    ⊟ www.njust.edu.cn: type A, class IN
        Name: www.njust.edu.cn
        Type: A (Host address)
        Class: IN (0x0001)
  ⊟ Answers
    ⊟ www.njust.edu.cn: type A, class IN, addr 202.119.80.147
        Name: www.njust.edu.cn
        Type: A (Host address)
        Class: IN (0x0001)
        Time to live: 1 hour, 48 minutes, 10 seconds
        Data length: 4
        Addr: 202.119.80.147 (202.119.80.147)
  ⊞ Authoritative nameservers
```

图 18.9　DNS 应答报文格式

Answer RRs 字段数值是什么？这说明对应的 Answers 字段中将会出现什么样的解析结果？

Answers 字段可以看成一个 List，集合中每项为一个资源记录，除了上面提到过的

Name、Type 及 Class 之外，还有 Time to Live、Data length、Addr 字段。

Time to Live(生存时间，TTL)表示该资源记录的生命周期，从取出记录到抹掉记录缓存的时间，以秒为单位。该应答报文中此字段数值是多少？合计多少秒？

Data length(资源数据长度)以字节为单位，这里的 4 表示 IP 地址的长度是多少字节？

Addr(资源数据)为返回的 IP 地址，则客户端主机想要的 DNS 查询结果是什么？

请读者自行分析 DNS 应答报文，得出应答报文中查询域名对应 IP 地址。

**2. 情境 2**

选择一台能正常浏览网页的计算机，对于 Windows 7 系统，打开"菜单"→"控制面板"→"网络和共享中心"→"更改适配器设置"。右击"本地连接"图标(如果使用的是 WiFi 上网，则是"无线网络连接"图标)，选择"属性"选项，双击"Internet 协议版本 4"选项，如图 18.10 所示。勾选"使用下面的 DNS 服务器地址"单选按钮，将首选 DNS 服务器改为 1.1.1.1，再在命令提示符窗口中输入命令 ipconfig /flushdns，按 Enter 键确认。此时，验证本计算机能否浏览网页。如果无法浏览网页，则打开 QQ 软件，观察能否正常聊天。思考为什么会出现这种情况。针对正常浏览网页与无法浏览网页这两种情况，利用 Wireshark 软件捕获并分析 DNS 查询与应答报文。

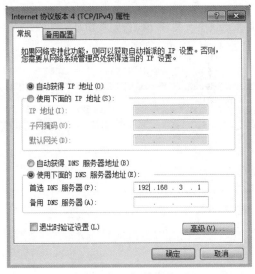

图 18.10  DNS 设置

## 18.6  实验思考

（1）DNS 查询请求报文与应答报文结构上有何异同？

（2）观察 DNS 查询请求报文与应答报文在长度上的差异，并考虑 DNS 报文设计上存在哪些安全漏洞？

（3）如果错误设置了手机等移动端设备的 DNS，会造成哪些 App 无法使用？思考并用实验验证。

# 实验 19  HTTP 报文分析

## 19.1  实验目标

（1）理解 HTTP 工作原理与作用。

（2）掌握 HTTP 请求与响应报文的分析方法。

## 19.2  实验背景

（1）某 IT 公司的 Web 程序员刚完成了公司交代的 Web 程序开发任务，正在外地度假。公司忽然接到 Web 站点应用故障的投诉，用户反映 Web 服务时断时续。初步调查发现网络连通性没有问题（客户端与服务器之间可以 ping 通）。领导让该程序员继续排查 Web 站点应用层故障可能的原因。

（2）由于在外地，该程序员无法连接单位内网并登录 Web 管理后台查看具体情况，只能作为普通用户，从外网访问 Web 服务器。请初步排查 Web 站点故障的原因。

## 19.3  基本原理与概念

### 19.3.1  万维网

万维网（World Wide Web，WWW）也称为 Web，它由大量的网页（超文本）构成。网页是 WWW 的基本文档，也是网站的基本信息单位，它由文字、图片、动画、声音等多种媒体信息以及链接组成，网页可以通过链接实现与其他网页或网站的关联和跳转。网页使用超文本标记语言（HTML）编写，其扩展名是.htm 和.html。

### 19.3.2  HTTP 简介

HTTP（hypertext transfer protocol）负责传送万维网服务器与客户端浏览器之间的超文本文档。作为应用层协议，HTTP 定义了 Web 应用传输的报文格式与报文交换方式，在传输层则使用 TCP（transmission control protocol），以保证 Web 网页的可靠传输。需要指出的是，HTTP 不仅可用于 Web 应用，也可以用于其他网络应用系统之间的通信。

HTTP 采用客户端/服务器（client-server，C/S）模式。Web 服务器上存放的是超文本信息，客户端则通过 HTTP 传输所要访问的上述内容。具体而言，客户端接受用户的请求，并通过网络向服务器提出请求。服务器接受客户端的请求，再通过网络将数据传输至客户端，客户端通过浏览器将数据以网页的形式呈现给用户。

### 19.3.3 URL 定义与格式

在 WWW 上,任何一个信息资源都有统一且唯一的地址,这个地址称为统一资源定位(uniform resource locator,URL),也可称为网页地址。当用户在浏览器的地址框中输入一个 URL 或单击一个超级链接后,浏览器就会通过 HTTP 对这个网页发出请求,目的服务器收到请求后,同样利用 HTTP 将相应的网页代码传输到客户端,浏览器再将其转换为人可以识别的图文等信息。

URL 一般由 4 部分组成:协议、主机、端口、路径。URL 的一般语法格式为(带方括号[]的为可选项):

protocol :// hostname[:port] / path / [;parameters][? query]# fragment

protocol(协议)指定使用的传输协议。最常用的是 HTTP,它也是 WWW 中应用最广的协议。除此以外,还有其他应用层协议,如 FTP 等。

hostname(主机名)是指服务器的域名系统(DNS)或 IP 地址。

port(端口号)为整数,可选,省略时使用协议 protocol 的默认端口。各种传输协议都有默认的端口号,如 HTTP 的默认端口为 80。如果输入时省略,则系统使用默认端口号。有时候出于安全或其他考虑,可以在服务器上对端口进行自定义,即采用非标准端口号。此时,在客户端浏览器上填写的 URL 中不能省略端口号选项。

path(路径)是由零或多个/符号隔开的字符串,一般用来表示主机上的一个目录或文件地址。

### 19.3.4 HTTP 机制与特性

**1. 传输过程**

典型的 HTTP 传输过程如图 19.1 所示。

图 19.1　HTTP 传输机制

(1) 客户端与服务器建立 TCP 连接:HTTP 客户端发起请求,建立一个到服务器指定端口(默认 80)的 TCP 连接。注意,图 19.1 中建立 TCP 连接只画了一个向右的箭头,但建立 TCP 连接的过程实际包含了 3 次 TCP 报文段的交换,详见实验 17。

(2) 客户端向服务器提出请求:通过已建立的 TCP 连接,客户端向服务器发送一个HTTP 请求报文。

(3) 服务器接受请求,并根据请求,返回应答:服务器解析请求,定位请求资源,再将资源副本写入 HTTP 响应报文并将其发回客户端,由客户端收取。

（4）客户端与服务器关闭连接：若 HTTP 请求报文的 connection 设为 close，则服务器在完成本次 HTTP 响应后，会主动关闭 TCP 连接，客户端被动关闭连接，释放 TCP 连接；若 connection 设为 keep-alive，则该 TCP 连接会保持一段时间，在该时间内服务器可继续接收客户端的请求，以减少频繁建立 TCP 连接所浪费的时间。

最后，客户端的浏览器根据收到的 HTTP 响应报文，解析加载其上的 HTML 等内容，并在浏览器窗体中以网页图文形式展示给用户。

**2. 无状态与持久性**

HTTP 是一种无状态（stateless）协议，即服务器不保留与客户端交互的状态信息。换言之，当某客户端第二次访问同一个服务器上的同一页面时，服务器不知道该客户端曾经访问过，服务器也不去分辨不同的客户端。这种无状态特性，简化了服务器设计，可减轻服务器存储负担，使服务器更容易支持大量并发的 HTTP 连接，从而保持较快的响应速度。

HTTP1.0 协议使用"非持久连接"，客户端与服务器之间的 HTTP 连接是一次性的，每次连接只处理一个请求，当服务器返回本次请求的应答后便立即关闭该连接，如果客户端下次还有请求，则要求通信双方重新建立连接。"非持久连接"的优点在于服务器不会让某个连接处于等待状态，及时释放连接可以提高服务器的执行效率，释放服务器内存资源。"非持久连接"的缺点是客户端必须为每一个待请求的对象建立并维护一个新的连接，即每请求一个对象就有两个往返时间（round trip time，RTT）的开销，一个 RTT 用于建立 TCP 连接，另一个 RTT 用于请求和接收对象。而同一个页面可能存在多个对象，所以"非持久连接"会使 HTTP 传输变慢。

HTTP1.1 协议则使用"持久连接"（keep-alive）选项。所谓"持久连接"，就是服务器在发送响应报文后并不直接关闭 TCP 连接，而是在一段时间内保持这条连接，客户端可以通过这个连接继续请求其他对象，节省重复建立 TCP 连接所浪费的时间。

## 19.3.5　HTTP 请求报文

HTTP 报文是面向文本的，报文首部中的每一个字段都由 ASCII 码字符串组成，各个字段的长度不固定。HTTP 有两类报文：请求报文和响应报文。客户端向服务器发送一个请求报文，服务器则返回一个响应报文。

HTTP 请求报文由请求行（request line）、请求头部（request header）、空行和请求包体（request body）4 个部分组成，如图 19.2 所示。

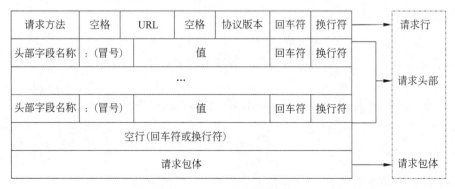

图 19.2　HTTP 请求报文格式

**1. 请求行**

由请求方法字段、URL 字段和 HTTP 版本字段 3 部分组成,它们之间使用空格隔开。

1) 请求方法(Method)

该字段表示客户端希望服务器对资源执行的操作,也可以理解为命令。常用 HTTP 请求方法有 GET、POST、HEAD、PUT、DELETE、OPTIONS、TRACE 及 CONNECT。

(1) GET。

当客户端要从服务器中获取资源,使用 GET 方法。对于动态网页(网站有后台数据库)使用 GET 方法时,请求参数和对应的值附加在 URL 后面,利用一个问号(?)代表 URL 的结尾与请求参数的开始。例如"/index.php?id=7"。用户单击网页上的链接或者通过浏览器地址栏输入网址,通常使用 GET 方式。

(2) POST。

当客户端给服务器提交信息较多,可使用 POST 方法,如将网页中的表单数据提交给服务器。GET 方法一般用于获取或查询资源信息,POST 方法则会携带用户向服务器提交的数据,一般用于更新资源信息。POST 方法将请求参数封装在 HTTP 请求报文中,以名称/值的形式出现,可以传输大量数据。

GET 与 POST 的区别在于:第一,GET 请求可以获取静态页面,也可以把动态网页的参数放在 URL 字串后面,传递给服务器;第二,POST 的参数不是放在 URL 字串里面,而是放在 HTTP 请求报文的请求包体(body)内,即提交内容不会出现在 URL 字段中;第三,因为浏览器对 URL 长度的限制,GET 提交的数据大小有限制,而 POST 方法提交的数据大小则没有限制。

2) URL(Request-URL)

命名所有请求资源的 URL 地址,可以是绝对 URL 路径,也可以是相对路径,服务器会自动补充主机名与端口号"hostname[:port]/"部分。

3) HTTP 版本

报文所使用的 HTTP 版本,其格式为"HTTP/<major>.<minor>",主要版本号(major)和次要版本号(minor)都是整数。目前协议主要版本包括 1.0、1.1 与 2.0,其中 1.1 使用最为广泛。

例如:

```
GET /2020/0819/c9a149880/page.htm HTTP/1.1
```

**2. 请求头部**

请求头部由"关键字/值"对组成,每行一对,关键字和值用英文冒号(:)分隔。"请求头部"通知服务器有关于客户端请求的信息。典型的请求头部有以下几种。

(1) Host。

请求的主机名,允许多个域名同处一个 IP 地址,即虚拟主机。

例如:

```
Host: news.ntu.edu.cn
```

代表本次 HTTP 请求的网页是 news.ntu.edu.cn。

（2）connection。

决定当前的事务完成后，是否会关闭网络连接。如果该值是 keep-alive，表示传输层的 TCP 连接在一段时间内不会关闭，使得对同一个服务器的请求可以继续在该 TCP 连接上完成，避免频繁建立 TCP 连接（三次握手）。如果该值是 close(connection 默认值)，表示服务器完成当前事务后，立即关闭该 TCP 连接。

例如：

```
connection:keep-alive
```

代表当前事务完成后，该 HTTP 连接在一段时间内不会关闭。

（3）User-Agent。

告知服务器，客户端使用的操作系统、浏览器版本和名称等信息。一般格式为 "Mozilla/5.0（平台）＋引擎版本＋浏览器版本号"。

例如：

```
User-Agent: Mozilla/5.0 (Windows NT 6.1; Win64; x64) AppleWebKit/537.36 (KHTML,
like Gecko) Chrome/83.0.4103.106 Safari/537.36
```

上述内容表示提出请求的客户端浏览器基本信息。由于浏览器发展历史的原因，一般 User-Agent 都带有 Mozilla 字样；平台用英文括号包围，其值用英文分号隔开，"Windows NT 6.1"代表客户端为 Windows 7 系统，x64 指客户端是 64 位操作系统；引擎版本为 "AppleWebKit/537.36（KHTML，like Gecko)...Safari/537.36"；Chrome/83.0.4103.106 代表客户端的浏览器版本号。

（4）Accept。

客户端可识别的内容类型列表。

例如：

```
Accept: text/html, application/xhtml + xml, application/xml; q = 0.9, image/webp,
image/apng, * / * ;q=0.8,application/signed-exchange;v=b3;q=0.9
```

q 是权重系数，范围是闭区间[0,1]，q 值越大，请求越倾向于获得其";"之前的类型表示的内容。若没有指定 q 值，则默认为 1；若被赋值为 0，则用于提醒服务器，哪些是浏览器不接受的内容类型。

（5）Referer。

告知服务器，本 HTTP 请求是源自哪个网页的。Referer 的正确英文写法是 Referrer，由于早期 HTTP 标准的拼写错误，为了保持向后兼容未做修正。如果用户是通过百度提供的超链提出的请求，则此字段填写类似 www.baidu.com/link？url＝xxxxxx。如果直接在浏览器的地址栏中输入一个资源的 URL 地址，那么这种请求不会包含 Referer 字段，因为这是一个"凭空产生"的 HTTP 请求，并不是从某个网页的 URL 链接而来的。

（6）Accept-Encoding。

告知服务器能接受什么编码格式，包括字符编码与压缩形式(一般都是压缩形式)。

例如：

```
Accept-Encoding: gzip, deflate
```

代表支持 gzip、deflate 两种压缩编码格式。

（7）Accept_language。

代表浏览器支持的语言。

例如：

```
Accept_language: zh-CN,zh;q=0.9
```

表示浏览器支持简体中文。

**3. 请求包体**

请求包体不在 GET 方法中使用，而是在 POST 方法中使用。POST 方法适用于需要客户端填写表单的场合。请求包体的内容，则根据网页具体交互的用户数据而定。

### 19.3.6　HTTP 响应报文

HTTP 响应报文由状态行、响应头部、空行和响应包体 4 部分组成，如图 19.3 所示。

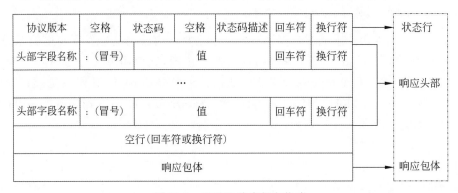

图 19.3　HTTP 响应报文格式

**1. 状态行**

状态行由 HTTP 版本字段、状态码和状态码的描述文本 3 部分组成，它们之间使用空格隔开。

（1）协议版本（Version）。

此处同 HTTP 请求报文的同名字段，在此不再赘述。

（2）状态码（Status-code）。

状态码由三位数字组成，描述了服务器对客户端请求做出的响应状态。第一位数字表示响应的类型，常用的状态码有五大类，具体如下。

1xx：表示服务器已接收了客户端请求或正在进行处理，客户端可继续发送请求。

2xx：表示服务器已成功接收到请求并进行处理，如"接受"或"知道了"。

3xx：表示服务器要求客户端重定向，如"要完成还必须采取进一步的行动"。

4xx：表示客户端的请求有非法内容，如"请求中有错误"或"不能完成"。

5xx：表示服务器未能正常处理客户端的请求而出现意外错误，如"服务器失效无法完成请求"。

（3）状态码描述（response-phrase）。

数字状态码的可读版本，包含行终止序列之前的所有文本。该字段仅供用户观看，对计算机没有实质意义。客户端依然采用状态码来判断请求的响应是否成功。例如，HTTP/1.0 200 ERROR，客户端依然会认为请求已成功处理，因为状态码是 200。常见状态码及其描述字段，有如下对应关系。

200-OK：表示客户端请求成功。

400-Bad Request：表示客户端请求有语法错误，不能被服务器所理解。

401-Unauthonzed：表示请求未经授权，该状态代码必须与 WWW-Authenticate 报头字段一起使用。

403-Forbidden：表示服务器收到请求，但是拒绝提供服务，通常会在响应正文中给出不提供服务的原因。

404-Not Found：请求的资源不存在，例如，输入了错误的 URL。

500-Internal Server Error：服务器发生不可预期的错误，导致无法完成客户端的请求。

503-Service Unavailable：表示服务器当前不能够处理客户端的请求，在一段时间之后，服务器可能会恢复正常。

**2. 响应头部**

（1）Allow：服务器支持哪些请求方法，如 GET、POST 等。

（2）Content-Encoding：文档的编码（encode）方法，只有在解码之后才可以得到 Content-Type 头指定的内容类型，利用 gzip 压缩文档能够显著地减少 HTML 文档的下载时间。

（3）Content-Length：表示内容长度，只有当浏览器使用持久 HTTP 连接时才需要这个字段。

（4）Content-Type：表示后面的文档属于何种 MIME 类型。

**3. 响应包体**

响应包体的内容，根据网页具体交互的数据而定。

### 19.3.7　cookie

cookie 是一种"简单文本文件"，是某些网站为了辨别用户身份，进行会话（session）跟踪而存储在用户本地终端上的数据（通常经过加密），由客户端计算机暂时或永久保存的信息。cookie 文件与特定 Web 文档关联，保存了该客户端访问某 Web 文档时的信息，当客户端再次访问该 Web 文档时，它可以帮助用户实现个人信息自动登录。

以火狐浏览器为例，查看 cookie 方法如下：按下快捷键 F12，选择 Console（控制台）选项卡，在命令提示符＞＞后方，输入 document.cookie，按 Enter 键即可查看当前网页的 cookie。

## 19.4　实验准备

本实验设备包括客户端 PC 与 Web 服务器（Server），实验拓扑如图 19.4 所示。须在物理机上提前安装 Wireshark 软件和 VM 虚拟机软件。将物理机作为客户端，命名为 PC。把本书提供的 Web 服务器虚拟机文件导入 VM 软件,并命名为 Web Server。将该 VM 虚拟机的网络连接选项设为"NAT 模式"。Server 虚拟机操作系统为 CentOS,登录密码与 root 密码均为 xhy0521。分别查看物理机 PC 与 Server 虚拟机的 IP 地址,并在物理机上使用 ping 命令测试,确认两者之间的连通性是否正常。如果 ping 不通,请排查 IP 地址、子网掩码及虚拟机网络连接设置。

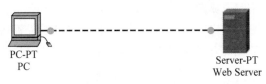

图 19.4　实验拓扑

## 19.5　实验过程

使用 PC 尝试访问该 Web 网站的不同网页,请获取 HTTP 请求与响应报文,并分析其报文结构与信息,按以下步骤完成实验(注意:"代表含义"需要回答字段值具体内容的含义,而非字段名称或字段作用)。

### 19.5.1　HTTP 请求报文分析实验

(1)开启客户端 Wireshark 抓包软件,启用有线以太网卡流量捕获功能。在客户端浏览器地址栏中输入网页地址 http://192.168.1.10,在 Web 登录页面中输入用户名与密码。

(2)单击 Web 页面上的"提交"按钮,通过 Wireshark 捕获客户端的 HTTP 请求报文,保存相关流量至 x.pcap 文件。

(3)数据报文可能较多,Wireshark 可以通过查找与过滤,快速查找定位到 HTTP 请求报文。

(4)在首次传输 HTTP 请求报文之前,客户端与服务器之间会传输什么数据报文,查找并给出上述数据的 Wireshark 流量截图? 这些数据报文的作用是什么?

(5)查看并分析 HTTP 请求报文。

该 HTTP 请求报文的"请求行"内容是什么? 具体而言,请求方法字段数值及其代表含义分别是什么? 请求的 URL 字段数值及其含义分别是什么? HTTP 协议版本字段数值及其含义分别是什么?

该 HTTP 请求报文的"请求报头"内容中,Host 字段、Referer 字段、User-Agent 字段、connection 字段、Accept 字段、Accept-Encoding 字段、Accept_language 字段的数值及其含义分别是什么?

该 HTTP 请求报文的"请求包体"关键内容 Username 与 Password 分别是什么?

思考:根据上述信息,HTTP 请求报文传输过程中存在哪些隐患或问题?

(6)打开实验附件 19_HTTP.pcapng 流量文件,双击 32 号数据包,观察其 User-Agent 字段值。

```
Mozilla/4.0 (compatible; MSIE 7.0; Windows NT 5.1; Trident/4.0; .NET CLR 1.1.4322;
```

.NET CLR 2.0.50727; .NET CLR 3.0.4506.2152; .NET CLR 3.5.30729)\r\n

上述 User-Agent 字段值中的.NET CLR 3.5.30729,其含义是什么?

### 19.5.2　HTTP 响应报文分析实验

(1) 当服务器返回 HTTP 响应报文时,使用上述类似方法,捕获 HTTP 响应报文,查看并分析响应报文内容。

该 HTTP 响应报文的响应行内容是什么? 具体而言,服务器 HTTP 协议版本的字段数值及其含义分别是什么? Status-code 字段数值及其含义分别是什么? Response-phrase 字段数值及其含义分别是什么?

思考:在日常浏览网页时,还遇到过哪些状态码?

(2) 该 HTTP 响应报文的响应报头中,Date 字段、Server 字段、Last-modified 字段、Accept-ranges 字段、Connection 字段、Content-Length 字段、Content-Type 字段、Content-language 字段的数值及其含义分别是什么?

(3) 该 HTTP 响应报文的响应正文中的内容是什么?

(4) 继续使用 PC 尝试访问该 Web 网站的 YYY 网页(http://WebServer IP/YYY.html),请获取 HTTP 响应报文,并分析其报文结构与信息。

该 HTTP 响应报文的响应行内容是什么? 具体而言,服务器 HTTP 协议版本的字段数值及其含义分别是什么? Status-code 字段数值及其含义分别是什么? Response-phrase 字段数值及其含义分别是什么? 以上响应报文的内容,可以说明 YYY 网页存在何种故障?

(5) 如果 X-Powered-By 字段值是 PHP/5.4.26,则 X-Powered-By 字段的内容及其代表含义分别是什么?

(6) 打开实验附件 19_HTTP.pcapng 文件,双击 124 号数据包,观察其 Keep-Alive 与 Connection 字段值。如果 Keep-Alive:timeout=5, max=100。前者表示这个 TCP 通道可以保持多少秒? 后者表示这个长连接最多接收多少次请求就断开?

## 19.6　实验思考

(1) 将计算机连入互联网,访问学校首页和百度,捕获 HTTP 请求与响应报文,并按本实验的操作流程分析其内容,分析各自特点与异同。

(2) HTTP 的优点是什么? HTTP 的缺点是什么? 该如何改进 HTTP?

# 实验 20    无线局域网帧分析

## 20.1    实验目标

(1) 理解 IEEE 802.11 帧结构。

(2) 熟悉 IEEE 802.11 帧采集与分析的方法。

## 20.2    实验背景

2019 年央视"3·15 晚会"曝光了某科技公司的探针盒子窃取用户个人信息的事件。报道称,该公司制作的"探针盒子"可在用户手机无线局域网处于打开状态时,窃取用户手机号码及个人信息。一些公司将这种小盒子放在商场、便利店、写字楼等场所,悄悄搜集用户的婚姻、收入状况等信息。值得注意与警惕的是,"探针盒子"搜集用户信息,并不需要用户端(手机、无线笔记本计算机等)接入任何 WiFi。换言之,手机或笔记本的无线局域网功能只要处于"打开"状态,用户的隐私信息就可能泄露。

那么所谓的"探针盒子",到底是如何搜集用户隐私的? 作为用户,又该如何防范?

## 20.3    基本原理与概念

### 20.3.1    无线局域网

无线局域网(WiFi)技术基于 IEEE 802.11 协议进行通信。为了实现对无线局域网的控制与管理,除了承载用户载荷的数据帧,IEEE 802.11 协议还设计了一系列的控制帧与管理帧。这些帧设计与存在的初衷是管理 WiFi 网络(关联、认证、同步,例如建立连接、宣告存在等)、控制无线数据传输(ACK 确认等)。因此上述两类帧,不可避免地会携带一些用户设备或热点设备的信息。但由于这两类帧不携带用户的应用数据,所以都不进行加密,其携带的有关信息有可能被黑客监听并分析。

### 20.3.2    无线局域网帧的一般结构

首先介绍 IEEE 802.11 帧的结构与分类。IEEE 802.11 帧的一般组成结构如图 20.1 所示,该图中,最上行的数字单位为"字节",最下行的数字单位为"位"。

图 20.1 中的帧控制域(2B)中,最重要的是"帧类型"(Type)字段与"帧子类型"(Sub Type)字段。IEEE 802.11 协议对它们的具体定义如表 20.1 所示。例如,帧类型字段为 10,则代表为数据帧;"帧类型"(Type)字段为 01,则代表控制帧。限于篇幅,表 20.1 不再罗列数据帧和控制帧的相关字段定义数值。

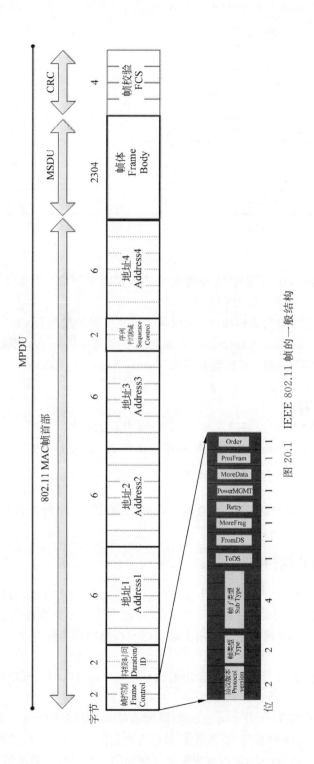

图 20.1    IEEE 802.11 帧的一般结构

表 20.1　帧类型字段的与帧子类型字段

| 类型值 | 帧 类 型 | 子类型值 | 帧 子 类 型 |
|:---:|:---|:---:|:---|
| 00 | Management(管理帧) | 0000 | Association Request（关联请求） |
| 00 | Management | 0001 | Association Response（关联响应） |
| 00 | Management | 0100 | Probe Request（探询请求） |
| 00 | Management | 0101 | Probe Response（探询响应） |
| 00 | Management | 1000 | Beacon（信标） |
| 00 | Management | 1010 | Disassociation（解除关联） |
| 00 | Management | 1011 | Authentication（认证） |
| 00 | Management | 1100 | Deauthentication（解除认证） |

### 20.3.3　探询帧

由上述内容可见，IEEE 802.11 帧类型是通过帧类型字段与帧子类型字段的数值来确定的。

所以，当帧类型字段的数值为 00，同时帧子类型字段的数值为 0100，该帧为管理帧中的"探询请求帧"（probe request frame）。当帧类型字段的数值为 00，同时帧子类型字段的数值为 0101，该帧为管理帧中的"探询响应帧"（probe response frame）。下面分别介绍以上两种探询帧。

（1）探询请求帧。

无线客户端通过发送探询请求帧，以期获得来自无线热点（AP 或无线路由器）的应答信息（如是否可用等），该帧的具体结构如图 20.2 所示。注意，探询请求帧中包含了请求 AP 的 SSID 名，也就是常说的无线热点的名称。

（2）探询响应帧。

热点或 AP 收到探询请求帧后，会向无线客户端返回一个包含自身特定参数的探询响应帧。

### 20.3.4　WiFi 客户端扫描机制

无线客户端选择接入 WiFi 前，首先需要扫描附近的 WiFi 网络，再根据无线网络的名字（SSID）自动或手动选择接入某一个 WiFi。但客户端首先要知道周边是否存在 WiFi，存在哪些 WiFi。无线局域网的搜寻采用主动扫描和被动扫描两种方式。

**1. 被动扫描**

扫描所有信道，并侦听 AP 定期发出的信标（beacons）帧，但被动扫描的效率不高。

**2. 主动扫描**

扫描所有信道，但客户端主动发送探询请求帧，以查询某信道上某 AP 是否存在（应答），当客户端曾经连接过某些 WiFi 而且保存有它们的基本信息时，这种方式效率较高。

所以，为了提高扫描效率，无线客户端会定期向周边发送探询请求帧，这些帧中包含了客户端曾经连接过的 WiFi 信息，以便尽快获得附近存在的无线 AP 的响应，具体过程如下。

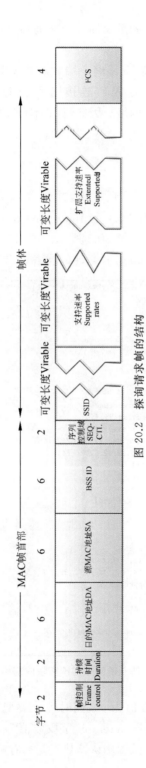

图 20.2　探询请求帧的结构

（1）无线客户端首先会根据本机的 WiFi 连接记录,主动地发送一个探询请求帧给曾经连接过的 AP。

（2）如果附近存在该 AP,则 AP 随后反馈一个探询响应帧,该帧和 AP 定期发送的信标帧的内容几乎是一致的。

此后利用该响应帧中的 AP 信息,无线客户端才能继续发起接入。

综上可见,无线客户端根据用户的 WiFi 连接记录,通过发送探询请求帧,主动探测周围是否存在自己曾经连接过的 WiFi 网络。因此,探询请求帧中,必然包含着用户曾经连接过的 WiFi 信息。

### 20.3.5 IEEE 802.11 帧示例

通过在 Kali 系统中接入一块无线监听网卡,并开启无线监听功能,利用 Wireshark 捕获 IEEE 802.11 流量。打开实验附件 20.1_probe-requst.pcapng 文件,查看 Probe Request 帧信息并验证该帧中所包含的信息,如图 20.3 所示。本书也提供了探询响应帧抓包文件,见实验附件 20.2_probe-response.pcapng,有兴趣的读者可以解析其中的内容。

```
> Frame 1: 143 bytes on wire (1144 bits), 143 bytes captured (1144 bits) on interface unknown, id 0
> Radiotap Header v0, Length 16
> 802.11 radio information
v IEEE 802.11 Probe Request, Flags: ........C
    Type/Subtype: Probe Request (0x0004)
  v Frame Control Field: 0x4000
      .... ..00 = Version: 0
      .... 00.. = Type: Management frame (0)
      0100 .... = Subtype: 4
    > Flags: 0x00
    .000 0000 0000 0000 = Duration: 0 microseconds
    Receiver address: Broadcast (ff:ff:ff:ff:ff:ff)
    Destination address: Broadcast (ff:ff:ff:ff:ff:ff)
    Transmitter address: HuaweiTe_62:2c:fc (ac:92:32:62:2c:fc)
    Source address: HuaweiTe_62:2c:fc (ac:92:32:62:2c:fc)
    BSS Id: Broadcast (ff:ff:ff:ff:ff:ff)
    .... .... .... 0000 = Fragment number: 0
    0001 1101 1011 .... = Sequence number: 475
    Frame check sequence: 0x00000000 [unverified]
    [FCS Status: Unverified]
v IEEE 802.11 Wireless Management
  v Tagged parameters (99 bytes)
    > Tag: SSID parameter set: Wildcard SSID
    > Tag: Supported Rates 1, 2, 5.5, 11, [Mbit/sec]
    > Tag: Extended Supported Rates 6, 9, 12, 18, 24, 36, 48, 54, [Mbit/sec]
    > Tag: DS Parameter set: Current Channel: 11
    > Tag: HT Capabilities (802.11n D1.10)
    > Tag: Extended Capabilities (6 octets)
    > Tag: Vendor Specific: Epigram, Inc.
    > Tag: Vendor Specific: Microsoft Corp.: Unknown 8
    > Tag: Vendor Specific: Broadcom
```

图 20.3　捕获的某探询请求帧内部信息

由图 20.3 可见,帧类型字段的数值为 00,同时帧子类型字段的数值为 0100,可见该帧为管理帧中的探询请求帧。SSID parameter set 字段数值为 Wildcard SSID,说明该客户端向周边所有热点发出了探询请求帧,试图确认该热点是否存在。

## 20.4　实验准备

### 20.4.1　硬件准备

（1）一块支持第三方无线侦听的外置 USB 接口无线网卡。

（2）一台安装了 VM 虚拟机的笔记本计算机。

### 20.4.2　软件准备

（1）Kali 操作系统 ISO 镜像文件。

（2）Python 2.7，并安装 ScaPy 库。

注：ScaPy 是一个使用 Python 编写的交互式数据包处理程序。它可以方便地完成数据包操作，比如端口扫描、tracerouting、探测、攻击或网络发现（可替代 hping、Nmap、arpspoof 及 tcpdump 等）；它也能够伪造或者解码大量的网络协议数据包，包括发送、捕捉、匹配请求和回复数据包。

## 20.5　实验过程

根据上述理论，实现 WiFi 探针需要 4 个步骤。

第一步，侦听 IEEE 802.11 无线帧。

第二步，由于管理帧头及帧体的信息均不加密，黑客对 IEEE 802.11 帧的帧类型字段与帧子类型字段进行读取。如果上述两个字段分别为 00 与 0100，则判定该帧为探询请求帧。

第三步，黑客继续读取探询请求帧的 SSID 字段和源 MAC 字段，获取无线客户端请求的无线热点名称和用户设备的 MAC 地址。

第四步，输出捕获探询帧的结果。

根据上述思路，WiFi 探针的实现分 4 个阶段。

**1. 第一阶段**

启动 VM 虚拟机中的 Kali 操作系统，首先通过 USB 接口插入外置无线侦听网卡，其次开启无线网卡监听模式。

（1）在命令行下输入如下命令，以确认系统安装的无线网卡接口情况

```
root@kali:~#iwconfig
```

返回的结果，可以看到显示名为 wlan0 的无线接口已经被 Kali 识别，表明可以在 Kali 中使用该无线外置网卡。注意，此时该网卡还是只能作为普通网卡，无法侦听发送给其他无线终端的数据帧。如果返回的结果中没有 WLAN 类似的信息，则需要确认该无线网卡是否连接到 Kali 虚拟机。

（2）在命令行下输入命令：

```
root@kali:~#airmon-ng start wlan0
```

根据返回的结果，当前网卡 wlan0 已经被设置为侦听模式，其侦听接口为 mon0。所谓侦听模式，就是该网卡可以侦听无线范围内所有无线设备发出的 IEEE 802.11 数据包，即使

上述数据包的目的 MAC 地址不是该无线网卡。

此时，无线侦听网卡就可以正式工作了。

**2. 第二阶段**

编程捕获 IEEE 802.11 无线数据帧，并读取帧类型字段的与帧子类型字段，如果两者数值分别为 00 与 0100，则判断该帧为探询请求帧。关键代码如下：

```python
def packet_handler(pkt):
    if pkt.haslayer(Dot11):
        if pkt.type == 0 and pkt.subtype == 4:
```

**3. 第三阶段**

读取探询请求帧中的 SSID、信号强度及 MAC 地址字段的数值。关键代码如下：

```python
probe['ssid'] = ssid
probe['signal'] = signal_ strength
probe['source'] = pkt. addr2
probe['target'] = pkt. addr3
```

**4. 第四阶段**

编程输出结果，略。

## 20.6　实验思考

WiFi 探针如何防御？

在 WiFi 探针原理及实现的基础上，对探针提出如下防御策略。

以手机为例，首先，用户在没有上网需求时，无线终端不要随意打开 WiFi 功能；上网结束时，也及时关闭终端的 WiFi 功能。这样可以减少自己的手机关联信息被探针获取的机会，防止被不良企业搜集大数据。

其次，及时清理终端的 WiFi 连接记录，这样即使被嗅探到了探询请求帧，也不容易暴露自己曾经连接的 WiFi 网络信息，达到保护个人隐私的目的。

最后，WiFi 探针问题的根本解决方法，需要客户端的生产制造商提供一揽子方案，典型技术方案就是 MAC 地址随机化。

所谓 MAC 地址随机化是指手机 WiFi 开启后，每次在扫描周围 WiFi 热点时，探询请求帧携带的 MAC 地址都是随机生成的，就算被 WiFi 探针获取也无法做正确的大数据匹配。但探询请求帧还是会携带客户端请求的 WiFi 名称。

对于 iPhone 用户，从 iOS 9 系统开始，苹果公司就在系统中添加了 MAC 地址随机化功能，只要用户的手机系统保持 iOS 9 版本以上，那么这个功能就是默认开启的。

对于安卓用户，其实原生的 Android 8.0 系统（及以上版本）也默认开启了 MAC 地址随机化功能。不过对于国产手机厂商来说，由于都要在原生系统上进行重新定制，所以是否砍掉这个功能，或者是否对它进行调整，还是要看厂商自己的决定。

华为公司官方表示，华为手机 EMUI 8.0 以上版本已经默认开启了 MAC 地址随机化功能，但是在测试老款手机华为 M9 时发现，尽管 EMUI 已经达到 9.0 版本以上，但其手机每次扫描时，MAC 地址并没有发生变化。这方面，也请读者自行使用各自的手机进行测试。

# 参 考 文 献

［1］ 徐明，曹介南.高等学校网络工程专业培养方案［M］.北京：清华大学出版社，2011.

［2］ 谢希仁.计算机网络［M］.7版.北京：电子工业出版社，2017.

［3］ 梁广民，王隆杰.思科网络实验室路由、交换实验指南［M］.2版.北京：电子工业出版社，2013.

［4］ 思科网络技术学院.思科网络技术学院教程 CCNA 安全［M］.北京邮电大学，思科网络技术学院 译.
北京：人民邮电出版社，2011.

［5］ 林沛满.Wireshark 网络分析就这么简单［M］.北京：人民邮电出版社，2014.

［6］ 林沛满.Wireshark 网络分析的艺术［M］.北京：人民邮电出版社，2016.

［7］ 李志远.计算机网络综合实验教程——协议分析与应用［M］.北京：电子工业出版社，2019.

# 图书资源支持

感谢您一直以来对清华版图书的支持和爱护。为了配合本书的使用，本书提供配套的资源，有需求的读者请扫描下方的"书圈"微信公众号二维码，在图书专区下载，也可以拨打电话或发送电子邮件咨询。

如果您在使用本书的过程中遇到了什么问题，或者有相关图书出版计划，也请您发邮件告诉我们，以便我们更好地为您服务。

**我们的联系方式：**

地　　址：北京市海淀区双清路学研大厦 A 座 714

邮　　编：100084

电　　话：010-83470236　　010-83470237

客服邮箱：2301891038@qq.com

QQ：2301891038（请写明您的单位和姓名）

资源下载：关注公众号"书圈"下载配套资源。

资源下载、样书申请

书 圈

图书案例

清华计算机学堂

观看课程直播